U0616042

高等职业教育机电工程类系列教材

电气工程 CAD 实践教程

主　编　张　燎　金文进

副主编　成思豪　张　瑞　金佛荣　诸　建

参　编　杨轶霞　郭玉霞　张　玲　王林杰

　　　　吴　超　李志杰

西安电子科技大学出版社

内 容 简 介

本书按照"基于工作过程"和"教、学、做"一体化的教育理念要求，采用项目式教学形式组织教学内容，并将案例教学与项目化教学有机地融合在一起，不仅注重 AutoCAD 软件的学习，而且突出了电气制图的方法和制图过程的讲解。全书精心设计了电气工程图绘图基础、AutoCAD2008 基本操作、机械零件图识图与绘图、电子线路图识图与绘图、电气原理图识图与绘图、变配电工程图识图与绘图(一)、变配电工程图识图与绘图(二)、电气工程图绘图实训等八个教学项目，项目中涉及的八个典型制图案例基本涵盖了电气图的类型。通过全书内容的学习，学生将能够熟练运用 AutoCAD 绘制各类电气工程图，并具有一定的识图能力。

本书可作为高职高专院校、中等职业学校自动化、电气工程、电力工程、新能源和应用电子等专业的教材，也可作为相关工程技术人员的参考用书。

图书在版编目(CIP)数据

电气工程 CAD 实践教程/张燎，金文进主编. —西安：
西安电子科技大学出版社，2015.3(2021.3 重印)
ISBN 978–7–5606–3654–2

Ⅰ. ① 电… Ⅱ. ① 张… ② 金… Ⅲ. ① 电气设备—计算机辅助设计—
AutoCAD 软件—高等职业教育—教材 Ⅳ. ① TM02-39

中国版本图书馆 CIP 数据核字(2015)第 045989 号

策　　划　毛红兵
责任编辑　王　飞　毛红兵
出版发行　西安电子科技大学出版社(西安市太白南路 2 号)
电　　话　(029)88242885　88201467　　邮　　编　710071
网　　址　www.xduph.com　　　　　　电子邮箱　xdupfxb001@163.com
经　　销　新华书店
印刷单位　咸阳华盛印务有限责任公司
版　　次　2015 年 3 月第 1 版　　2021 年 3 月第 3 次印刷
开　　本　787 毫米×1092 毫米　1/16　印　张　14.25
字　　数　330 千字
印　　数　5001～7000 册
定　　价　35.00 元
ISBN 978-7-5606-3654-2/TM

XDUP 3946001−3

如有印装问题可调换

前　言

　　电气图是电气工程技术人员施工的依据，也是电气工程师将设计转化为产品的桥梁。具备熟练的电气工程识图和制图能力，是对相关从业工程技术人员的基本要求，因此，电气工程制图一直都是电气工程、自动化、电力工程、新能源等专业的一门重要专业课，该课程主要培养学生的识图和制图能力。

　　本书按照"基于工作过程"的职业教育理念要求，紧密联系电气工程实际，以项目构建知识学习和技能训练的架构，将案例教学与项目化教学有机融合，精心设计了八个教学项目，在项目的实施中学习 AutoCAD 软件和制图的知识，具有较强的针对性，实现了"教、学、做"一体化，突出了教材的职业教育特色。

　　工程制图历来重视制图的方法、制图的过程和制图的规范性，AutoCAD 软件只是绘图的工具，学习软件固然重要，但不能忽视制图的主体——图形。基于这样的工程实践认识，本书不仅注重 AutoCAD 软件的讲解，而且更加注重绘图知识的讲解，在充分汲取电气工程师制图经验的基础上，结合编者多年从事电气工程设计和电气制图的教学经验，提出了"元器件绘制参照法"、"结构图法"和"网格定位线法"等绘图方法，注重图形本身的研究和分析，很好地解决了学生制图不规范、不美观等问题，做到了软件学习和绘图学习的统一，克服了只注重绘图工具(AutoCAD 软件)的学习，而忽视了绘图方法和绘图过程的研究和讲解，与工程实践脱节的缺陷。

　　本书共有电气工程图绘图基础、AutoCAD2008 基本操作、机械零件图识图与绘图、电子线路图识图与绘图、电气原理图识图与绘图、变配电工程图识图与绘图(一)、变配电工程图识图与绘图(二)、电气工程图绘图实训八个项目，通过这些项目的学习和训练，可熟练而快速地掌握电气工程制图所需的 AutoCAD 绘图技能、各类典型电气图的绘制方法和技巧，满足学生和技术人员识读和绘制电气工程图的需要。

　　本书的参考学时为 50～80 学时，建议采用"教、学、做"一体化的教学方法，每个项目完成后，应对学生完成项目的情况进行考核和评估，以调整教学进度和方法。

　　编者在编写本书的过程中虽然耗费了大量精力，但由于水平有限，书中仍会有疏漏和不足之处，期望广大读者批评指正，在此深表感谢！

编　者

2014 年 11 月 11 日

前 言

目　　录

项目一　电气工程图绘图基础

★ 项目目标

【能力目标】

掌握电气图识图和制图的基本知识，为后续项目的实施奠定基础，具备运用电气图基本知识和国家标准进行识图和绘图的良好习惯。

【知识目标】

1. 掌握电气图的基本知识
2. 掌握电气图的国家标准和一般规定
3. 了解识图和制图的方法

★ 项目描述

电气图是设计单位和施工单位之间相互沟通的桥梁，也是设计和施工的重要依据。识读和绘制电气图必须在电气工程专业知识、国家标准和电气图基本知识的指导下进行，只有这样才能绘制出正确、规范、美观的电气工程图。本项目介绍电气图的基本知识、电气图的国家标准、制图的一般规定和识图制图的基本方法。

★ 项目实施

电气图是用电气图形符号、文字符号或简化外形来表示电气系统/元器件/设备及其组成部分之间相互关系和连接关系的一种图形，它用于阐述电气系统的组成、功能和工作原理，电气图是电气工程领域中提供安装信息和使用信息最主要的方式。

(一) 电气图基本知识简介

1. 电气图的分类

电气图形式多样，根据其所表达的信息类型、表达方式和运用场所，主要有以下几类：系统图或框图、电路图、位置图、接线图与接线表、逻辑图和功能图等。

1) 系统图或框图

系统图或框图(也称概略图)是用符号或带注释的方框概略表示系统或分系统的基本组成、相互关系及其主要特征的一种简图。在实际使用时，电气系统图通常用于系统或成套装置，框图则用于分系统或设备。系统图是电气系统图册中的第一张图纸，供工程技术人员总览系统并形成整体性认识。图 1-1 所示的是电力系统框图，每个分系统用图形符号或方框简化表示，图中各分系统/设备之间的相互位置关系用带箭头的直线表示，从宏观上展示了系统中各分系统/设备之间的关系和组成。

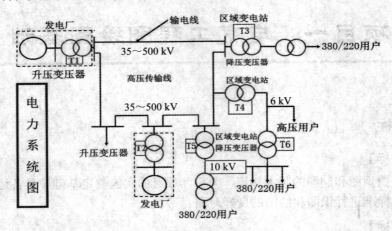

图 1-1　电力系统框图

2) 电路图

按照工作顺序将图形符号排列，用于表示系统、分系统、元器件、设备或成套装置的组成和连接关系的图形，称为电路图。由于图中不考虑电路中元器件/设备的实际尺寸、安装位置和形状，并且元器件/设备均采用符号表示，故电路图便于理解设备的工作原理、分析和计算电路特性及参数，为测试和寻找故障提供信息，为编制接线图及安装、维修提供依据，所以电路图又称为电气原理或原理接线图。图 1-2 所示的电路图表示了电动机的供电和控制关系。

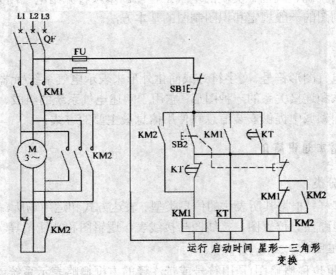

图 1-2　电路图

3) 位置图(布置图)

电气位置图是指用正投法在建筑平面图的基础上绘制的图，这种建筑平面图一般称为基本图。位置图是在一定范围内表示电气设备、装置及线路的平面布置情况的图形,因此,电气位置图的绘制必须在有关部门提供的地形地貌图、总平面图、建筑平面图、设备外形尺寸图等原始基础资料图上设计和绘制。电气位置图通常有三类图:室外场地设备布置图、室内场地设备布置图、装置内元器件布置图。图 1-3 就是一种室内场地设备布置图。

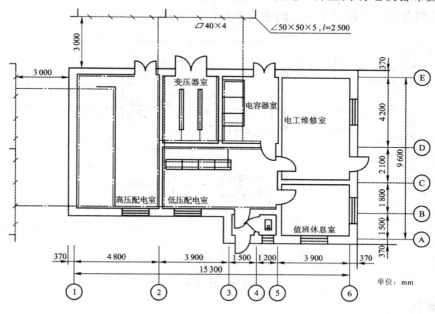

图 1-3 位置图

4) **接线图和接线表**

表示成套装置、设备和电气元件的连接关系,用以安装接线、检查、试验与维修的一种简图或表格,称为接线图或接线表。接线表用表格的形式表示这种连接关系。接线图和接线表可以单独使用,也可以组合使用,一般以接线图为主,接线表给予补充。

图 1-4 就是电动机控制线路的主电路接线图,它清楚地表示了各元件之间的实际位置和连接关系:电源(L1、L2、L3)由 BX-3×6 的导线分别接至端子排 X 的 1、2、3 号位置,然后通过熔断器 FU1~FU3 接至交流接触器 KM 的主触点,再经热继电器分别接到端子排的 4、5、6 号位置,最后用导线分别接入电动机的 U、V、W 端子。

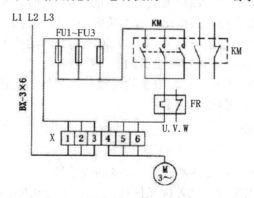

图 1-4 接线图

5) 逻辑图

逻辑图是用二进制逻辑单元图形符号绘制的，以实现一定逻辑功能的一种简图，可分为理论逻辑图(纯逻辑图)和工程逻辑图(详细逻辑图)两类。理论逻辑图只表示功能而不涉及实现方法，因此是一种功能图；工程逻辑图不仅表示功能，而且有具体的实现方法。图 1-5 所示的逻辑图表示了各逻辑部件之间的连接和运算关系。

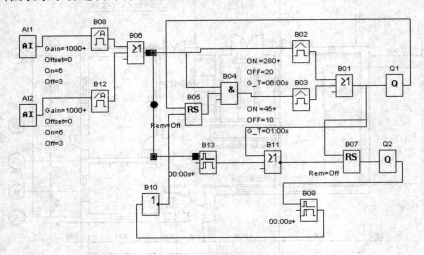

图 1-5 逻辑图

6) 功能图

用理论的或理想的线路而不涉及实现方法来详细表示系统、分系统、成套装置、部件、设备、软件等功能的简图，称为功能图。功能图表示系统、分系统、成套装置、部件、设备、软件等特性的细节，但不考虑功能是如何实现的。功能图可用于系统或分系统的设计，或者用以说明工作原理。

2. 电气图的主要特点

电气图的主要表达方式是简图。

简图是用图形符号、带注释的框或简化外形表示包括连接线在内的一个系统或设备中各组成部分之间相互关系的一种图示形式。简图这个概念是相对于严格按几何尺寸、绝对位置而绘制的机械图而言的，是图形表达形式上的"简"，而非内容上的"简"。电气图与机械图、建筑图及其他专业技术图相比有着本质区别，其特点主要为：

(1) 各种电气设备和导线用图形符号表示，而不用具体的外形结构表示。

(2) 各设备符号旁标注了代表该种设备的文字符号。

(3) 按功能和电流流向表示各电气设备的连接关系和相互位置。

(4) 不标注元器件和设备的外形尺寸。

3. 电气图的表示方法

1) 主要组成

一个电路通常由电源、开关设备、用电设备和连接线四个部分组成。如果将电源设备、开关设备和用电设备看成元件，则各种元件按照一定的次序用连接线连接起来就构成了一个电路，因此，电气图主要由元件和连接线组成。

2）电气图的表示方法

（1）元件的表示方法。

电气元件有三种表示方法，分别为集中表示法、分开表示法和半集中表示法。

① 集中表示法。集中表示法也叫整体表示法(如图 1-6(a)所示)，是把一个元件的各个部分集中在一起绘制，并用虚线连接起来。其优点是整体性较强，任一元件的所有部件及其关系一目了然，但不利于对电路功能原理的理解，一般用于简单的电气图。

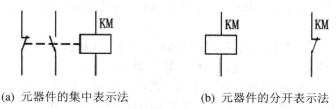

(a) 元器件的集中表示法　　　　　　(b) 元器件的分开表示法

图 1-6　元器件的表示

② 分开表示法。分开表示法也称为展开表示法，是把同一元件的不同部分在图中按作用、功能分开布置，而它们之间的关系用同一个元件项目代号来表示。用分开表示法能得到一个清晰的电路布局图，易于阅读，便于了解整套装置的动作顺序和工作原理，适用于复杂的电气图，如图 1-6(b)所示。

③ 半集中表示法。半集中表示法是介于集中表示法和分开表示法之间的一种表示方法，是把一些电器元件的图形符号在简图上分开布置，并用机械连接线符号表示它们之间关系的方法，使设备和装置的电路布局清晰，方便识别。

（2）连接线的表示方法。

电路图连接线有多线表示法和单线表示法，如图 1-7(a)和图 1-7(b)所示。如果将各元件之间走向一致的连接导线用一条线表示，即用一根线来代表一束线，就是单线表示法。如果元件之间的连线是按照导线的实际走向一根一根地分别画出的，就是多线表示法。

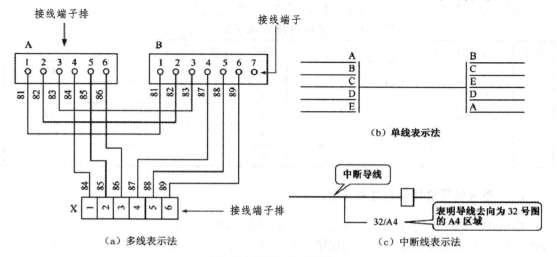

（b）单线表示法

（a）多线表示法　　　　　　（c）中断线表示法

图 1-7　连接线的表示方法

在接线图和其他图形中，连接线有连续线表示法和中断线表示法两种。连续线表示法是指两端子之间导线的线条是连续的。中断线表示法是指两端子之间导线的线条是中断的，且在中断处必须标明导线的去向，如图 1-7(c) 所示。

(3) 元件接线端子的表示方法。

在电气元器件中，用以连接外部导线的导电元器件，称为端子。端子分为固定端子和可拆卸端子两种，固定端子用图形符号"○"或"●"表示，可拆卸端子则用"∅"表示。

装有多个互相绝缘并通常对地绝缘的端子的板、块或条，称为端子板或端子排。端子板常用加数字编号的方框表示，如图 1-7(a) 中箭头所指的物体就是接线端子板，板中的"○"符号就是接线端子。

电气元器件接线端子的标志由拉丁字母和阿拉伯数字组成，应遵循以下原则。

① 单个元器件的两个端点用连续的两个数字表示，见图 1-8(a)。

② 如果几个相同的元器件组合成一个组，则各元器件的接线端子标志方式为：在数字前冠以字母，例如标志三相交流系统电器端子的字母 U1，V1，W1 等，见图 1-8(b)；若不需要区别不同相序时，可用数字标志，见图 1-8(c)；同类元器件组用相同字母标志时，可在字母前(后)冠以数字来区别，如图 1-8(d) 中的两组三相异步电动机绕组的接线端子分别用 1U1、2U1、…来标志。

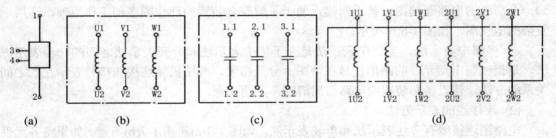

图 1-8　元件的标志方法

(4) 特定电器接线端子的标志。

与特定导线相连的电器接线端子标志用的字母符号见表 1-1。

表 1-1　特定电器接线端子的标记符号

序号	电器接线端子的名称		标记符号	序号	电器接线端子的名称	标记符号
1	交流系统	1 相	U	2	保护接地	PE
		2 相	V	3	接地	E
		3 相	W	4	无噪声接地	TE
		中性线	N	5	机壳或机架	MM
				6	等电位	CC

（二）电气制图的国家标准和规定

电气图中的图形符号、文字符号有统一的国家标准，这是对电气制图的规范，也是从业的电气工程技术人员必须遵守的规定，有了这些规定，电气图才能在不同的技术人员之间架起沟通和交流的桥梁。

1. 电气制图的相关国家标准

涉及电气制图的国家标准有四大项：电气图(4 项)、电气简图用图形符号(13 项)、电气设备用图形符号(2 项)和主要的相关标准(13 项)。本项目中仅列出了与电气制图紧密的几项国家标准：

(1) GB/T 6988—2008《电气技术文件的编制》。

(2) GB/T 4728—2008《电气简图用图形符号》。

(3) GB/T 18135—2008《电气工程 CAD 制图规则》。

(4) GB/T 19045—2003《明细表的编制》。

(5) GB/T 19678—2005《说明书的编制—构成、内容和表示方法》。

(6) GB 7159《系列字符国家标准》。

(7) GB/T4026—2004《电器设备接线端子和特定导线线端的识别及应用字母数字系统通则》。

2. 电气符号(GB/T 4728—2008)

电路图中的元器件、装置、线路及其安装方法等，是按简图形式绘制的。在一般情况下都是借用图形符号、文字符号来表达，电气图就是由各种符号组成的图形，电气符号是电气图组成的基本要素。

电气符号有图形符号、设备图形符号、文字符号、项目代号等类型。

1) 图形符号

(1) 图形符号的构成。

电气图形符号由一般符号、符号要素、限定符号、方框符号和组合符号等组成。

① 一般符号是用来表示一类产品和此类产品特征的一种简单的符号。

② 符号要素是一种具有确定意义的简单图形，不能单独使用。符号要素必须同其他图形组合后才能构成一个设备或概念的完整符号。

③ 限定符号是用以提供附加信息的一种加在其他符号上的符号。通常它不能单独使用。有时一般符号也可用作限定符号，如电容器的一般符号加到扬声器符号上即构成电容式扬声器符号。

④ 方框符号是用来表示元件、设备等的组合及其功能的一种简单图形符号，既不给出元件、设备的细节，也不考虑所有连接，通常使用在单线表示法中，也可用在全部输入和输出接线的图中。

⑤ 组合符号是指通过以上已规定的符号进行适当组合所派生出来的、表示某些特定装置或概念的符号。

(2) 电气图形符号的分类。

国标 GB/4728 将电气图形符号分成了 13 大类。

① 总则：包括本标准的内容提要、名词术语、符号的绘制、编号使用及其他规定。

② 符号要素、限定符号和其他常用符号：包括轮廓和外壳、电流和电压的种类、可变性、力或运动的方向、流动方向、材料的类型、效应或相关性、辐射、信号波形、机械控制、操作件和操作方法、非电量控制、接地、接机壳和等到电位、理想电路元件等。

③ 导体和连接件：包括电线、屏蔽或绞合导线、同轴电缆、端子导线连接、插头和插

座、电缆终端头等。

④ 基本无源元件：包括电阻器、电容器、电感器、铁氧体磁芯、压电晶体、驻极体等。

⑤ 半导体管和电子管：如二极管、三极管、电子管等。

⑥ 电能的发生与转换：包括绕组、发电机、变压器等。

⑦ 开关、控制和保护器件：包括触点、开关、开关装置、控制装置、起动器、继电器、接触器和保护器件等。

⑧ 测量仪表、灯和信号器件：包括指示仪表、记录仪表、热电偶、遥没装置、传感器、灯、电铃、峰鸣器、喇叭等。

⑨ 电信交换和外围设备：包括交换系统、选择器、电话机、电报和数据处理设备、传真机等。

⑩ 电信传输。包括通信电路、天线、波导管器件、信号发生器、激光器、调制器、解调器、光纤传输。

⑪ 建筑安装平面布置图。包括发电站、变电所、网络、音响和电视的分配系统、建筑用设备、露天设备。

⑫ 二进制逻辑元件。包括计数器、存储器等。

⑬ 模拟元件。包括放大器、函数器、电子开关等。

(3) 常用电气图形符号。

表1-2给出了部分常用的电气图形符号和文字符号，其他符号需查阅国家标准。

表1-2　常用的电气图形符号和文字符号

名称		图形符号	文字符号	名称		图形符号	文字符号
三相电源总开关			QS	速度继电器	常开触点		KS
低压断路器			QF		常闭触点		
位置开关	常开触点		SQ	按钮	常开按钮		SB
	常闭触点				常闭按钮		
	复合触点				复合按钮		

续表一

名称		图形符号	文字符号	名称		图形符号	文字符号
接触器	线圈		KM	时间继电器	线圈		KT
	主触点				常开延时闭合触点		
	常开辅助触点				常闭延时打开触点		
	常闭辅助触点				常闭延时闭合触点		
热继电器	热继电器线圈		FR		常开延时打开触点		
	热继电器触点			熔断器			FU
照明灯			EL	电阻			R
信号灯			HL	电位器			RP
按钮盒				钥匙开关			
直流发电机		Ω	M	电流继电器	过电流线圈	I>	KA
串励直流发电机		M			欠电流线圈	I<	
并励直流发电机		M			常开触点		
他励直流发电机		M			常闭触点		
复励式直流发电机		M		电压继电器	欠电压线圈	U<	KV
三相鼠笼式异步发电机		M 3~			过电压线圈	U>	
三相绕线式异步发电机		M 3			常开触点		
发电机		G	G		常闭触点		

续表二

名称	图形符号	文字符号	名称	图形符号	文字符号
测速发电机		TG	制动电磁铁		YB
电磁吸盘		YR	电磁铁		YA
熔断器式开关		熔断器式跌落开关		熔断器式隔离开关	
跌开式熔断器		负荷开关		整流器框外形	
避雷器		站用变压器符号		真空三极管	
避雷针	●	电流互感器		真空二极管	
三绕组变压器		自耦变压器		自耦变压器式启动器	
单二次绕组的电流互感器		手动开关		输入	
电抗器		接地符号		输出	
电感器		电容器		定时开关	
等电位		故障		变电所	
蓄电池		桥式变电所		保护接地	

(4) 图形符号应用的说明。

在绘制电气图时，首先要注意所用的图形符号，均按无电压、无外力作用的正常状态画出；其次，某些设备元件有多个图形符号时，尽可能采用优选形、最简单的形式，并在同一图号的图中使用同一种形式的图形符号；第三，符号的大小和图线的宽度一般不影响符号的含义；第四，避免导线弯折或交叉；第五，若某些特定装置或概念的图形符号在标准中未列出，允许通过已规定的一般符号、限定符号和符号要素适当组合派生出新的符号。

2) 文字符号

文字符号是由电气设备、装置和元器件的种类(名称)字母代码和功能字母代码组成，来表明名称、功能、状态和特征等信息。此外，文字符号还可与图形符号组合使用，产生新的图形符号。

文字符号应按有关国家电气名词术语标准或专业标准中规定的英文术语缩写而成。当设备名称、功能、状态或特征为一个英文单词时，一般采用该单词的第一位、前两位字母或前两个音节的首位字母构成文字符号；当为两个或两个以上英文单词时，一般采用各单词的第一个字母或第一个音节的字母，或采用常用缩略语或约定俗成的习惯用法构成文字符号。

(1) 基本文字符号。

单字母符号是按照拉丁字母将各种电气设备、装置和元器件划分为 23 大类，每大类用一个专用单字母符号表示，如"C"表示电容器类，"R"表示电阻类等。

双字母符号是由一个表示种类的单字母符号与另一字母组成，其组合型式应以单字母符号在前而另一字母在后的次序列出，如"R"表示电阻，"RP"就表示电位器，"RT"表示热敏电阻；"G"表示电源、发电机、发生器，"GB"就表示蓄电池，"GS"表示同步发电机、发生器，"GA"表示异步发电机。

(2) 辅助文字符号。

辅助文字符号表示电气设备、装置和元器件以及线路的功能、状态和特征，如"SYN"表示同步，"L"表示限制左或低，"RD"表示红色，"ON"表示闭合，"OFF"表示断开等。

(3) 文字符号的使用规则。

在使用文字符号时，单字母符号优先，只有当单字母符号不能满足要求时，才采用双字母符号，如"F"表示保护器类，"FU"表示熔断器，"FV"表示限压保护器件。

辅助文字符号可以单独使用，也可以放在单字母符号后边组成双字母符号，如"ST"表示启动，"DC"表示直流，"AC"表示交流。若辅助文字符号由多个字母组成时，可以用其第一位字母进行组合，如"M"表示电动机，"S"为辅助文字符号"SYN"(同步)的第一位字母，则"MS"就表示同步电动机。

3) 项目代号

在电气图上通常用一个图形符号表示的基本件、部件、组件、功能单元、设备和系统等，称为项目。项目的大小可能相差很大，例如电容器、电阻、电动机是项目，一个电力系统也是项目。项目在电气图中用项目代号标识。

项目代号是用来识别图、表图、表格中和设备上的项目种类，并提供项目的层次、关系和实际位置等信息的一种特定代码。通过项目代号可以将不同的图或其他技术文件上的项目(软件)与实际设备中的该项目(硬件)一一对应和联系在一起。

项目代号由拉丁字母、阿拉伯数字、特定的前缀符号，按照一定规则组合而成。一个完整的项目代号含有 4 个代号段：高层代号段、种类代号段、位置代号段、端子代号段。

(1) 高层代号。

高层代号是指系统或设备中任何较高层次(对有代号的项目而言)的项目代号，前缀符号为"="。例如，"=S2-Q3"表示 S2 系统中的开关 Q3，其中=S2 为高层代号。

(2) 种类代号。

种类代号是用以识别项目种类的代号，前缀符号为"-"，种类代号可以由字母代码和数字组成，例如_K2 和_K2M；也可以用顺序数字(1、2、3…)表示图中各个项目，同时将这些顺序数字和它所代表的项目排列于图中或另外说明，如–1、–2、–3…，对不同种类的项目采用不同组别的数字编号。

(3) 位置代号。

位置代号指项目在组件、设备、系统或建筑物中的实际位置代号，其前缀为"+"。位置代号由自行规定的拉丁字母或数字组成。在使用位置代号时，就给出表示该项目位置的示意图，例如，+604+A+6 可写为+604A6，表示为 A 列柜装在 604 室 6 机柜。

(4) 端子代号。

端子代号通常只与种类代号组合，前缀符号为"："，由数字或大写字母组成。例如，-S4：A 表示控制开关 S4 的 A 号端子。

项目代号的应用格式为：

=高层代号段-种类代号段(空隔)+位置代号段

其中，高层代号段对于种类代号段是功能隶属关系，位置代号段对于种类代号段来说是位署信息。

例如：=A2-K2+C8S1M4，表示 A2 装置中的继电器 K2，位置在 C8 区间 S1 列控制柜 M4 柜中；=A1P2-Q4K2+C1S3M6，表示 A1 装置 P2 系统中的 Q4 开关中的继电器 K2，位置在 C1 区间 S3 列操作柜 M6 柜中。

3. 电气图的文字标注规则

电气图中文字标注遵循就近标注规则与相同规则。所谓就近规则是指电气元件各导电部件的文字符号应标注在图形符号的附近位置；相同规则是指同一电气元件的不同导电部件必须采用相同的文字标注符号。

项目代号的标注位置应尽量靠近图形符号的上方。当电路水平布置时，项目代号标在符号的上方；当电路垂直布置时，项目代号标注在符号的左方。项目代号中的端子代号标注在端子或端子位置的旁边。对于画有围框的功能单元和结构单元，其项目代号标注在围框的上方或左方。

电路图的线号一般用 L1/L2/L3 或 L11/L12/L13 标注，也可用 U、V、W 等标注。如果必须标出连线规格，则采用就近原则用引出线标注，若标注过多，可在电气元件明细表中集中标注。

为了注释方便，电气原理图各电路节点处还可标注数字符号。数字符号一般按支路中电流的流向顺序编排，遵循自左向右和自上而下的规则。节点数字符号的作用除了注释作用外，还起到将电气原理图与电气接线图相对应的作用。

4. 电气图的布局

电气图中表示导线、信号通路、连接线等的图线一般应为直线，在绘制时要求横平竖直，尽可能减少交叉和弯折，并根据所绘电气图的种类，合理布置。在进行功能布局时还应注意以下几点：

(1) 布局顺序应从左到右或从上到下。

(2) 如果信息流或能量流从右到左或从上到下，而且当流向不容易看清楚时，应在连接线上画开口箭头。开口箭头不应与其他符号相邻近。

(3) 在闭合电路中，前向通路上的信息流方向应该是从左到右或从上到下。反馈通路的方向则相反。

(4) 图的引入线、引出线最好画在图纸边框附近。

电气图的布置形式主要有水平和垂直布局两种形式，现分别说明如下。

1) 水平布局形式

设备及电器元件图形符号从上到下横向排列，连接线水平布置，如图 1-9(a)所示。

2) 垂直布局形式

设备及电器元件图形符号从左至右纵向排列，连接线垂直布置，如图 1-9(b)所示。

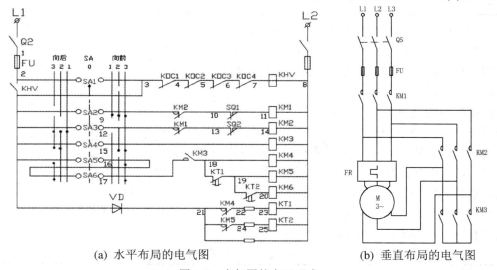

(a) 水平布局的电气图　　　　　　　　　(b) 垂直布局的电气图

图 1-9　电气图的布局形式

若图中的图线出现交叉，要遵循交叉节点的通断原则，即十字交叉节点处绘制黑圆点"●"表示两交叉连线在该节点处接通，无黑圆点则没有接通；T 字节点则为接通节点，无须黑圆点表示。图线交叉的通断表示如图 1-10 所示。

(a) A线、B线在C处接通　　　(b) A线、B线无联系　　　(c) A线、B线接通于T形节点

图 1-10　图线交叉的通断表示

(三) 电气制图的一般规定

电气制图同其他行业制图一样，在遵守行业制图的国家标准的同时，也要遵守一般的国家标准。

1. 图纸幅面及格式(GB/T 14689—2008《技术制图图纸幅面和格式》)

1) 图纸的幅面尺寸

为便于图纸的规范统一、装订和管理，应先选择表 1-3 所列的基本幅面，并在满足实际需要和复杂程度的前提下，选用较小的幅面。

表 1-3　基本幅面及图框尺寸(单位：mm)

幅面代号	A0	A1	A2	A3	A4
B×L	841×1189	594×841	420×594	297×420	210×297
a	25				
c	10			5	
e	20		10		

其中：a、c、e 为留边宽度，具体含义见图 1-12。图纸幅面代号由"A"和相应的幅面号组成，即 A0~A4。基本幅面共有五种，其尺寸关系如图 1-11 所示。

幅面代号的几何含义，实际上就是对 0 号幅面的对开次数。如 A1 中的"1"，表示将 0 号幅面的纸张长边对折裁切一次所得的幅面；A4 中的"4"，表示将全张纸长边对折裁切四次所得的幅面，如图 1-11 所示。必要时，允许沿基本幅面的短边成整数倍加长幅面，见表 1-4，但加长量必须符合国家标准(GB/T14689—93)中的规定。

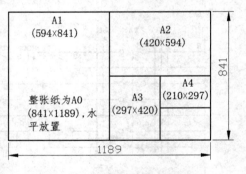

图 1-11　基本幅面的尺寸关系

表 1-4　加长幅面(单位：mm)

幅面	A3×3	A3×4	A4×3	A4×4	A4×5
长	891	1189	630	841	1051
宽	420	420	297	297	297

2) 图框格式

图框线表示绘图的区域，必须用粗实线画出，其格式分为留装订线边和不留装订线边两种，如图 1-11 所示。外框线为 0.25 的实线，内框线根据图幅由小到大可以选择 0.5~1.0 的实线。

预留装订线的图框格式如图 1-12(a)和图 1-12(b)所示，边线距离 a(包含装订尺寸)为 25 mm，c 的尺寸在 A0、A1、A2 图纸中为 10 mm，在其他图纸尺寸中为 5 mm。不留装订线边的图框格式如图 1-12(c)和图 1-12(d)所示，四边边线距离一样，在 A0、A1 图纸中 e 为 20 mm，其他图纸尺寸中 e 为 10 mm。

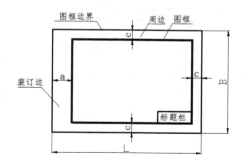

(a) 预留装订边横放的图框格式

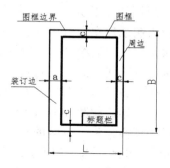

(b) 预留装订边竖放的图框格式

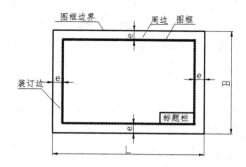

(c) 不预留装订边横放的图框格式

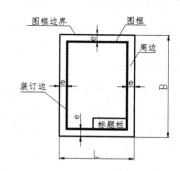

(d) 不预留装订边竖放的图框格式

图 1-12　图框线格式示意图

3) 标题栏

一张完整的图纸还应包括标题栏项。标题栏是用来反映设计名称、图号、张次、设计者等相关设计信息的，位于内框的右下角，方向与看图方向一致，格式没有统一的规定，一般长 120～180 mm，宽 30～40 mm。通常包括设计单位名称、使用单位名称、设计阶段、比例尺、设计人、审核人、图纸名称、图纸编号、日期、页次等。图 1-13 提供两种标题栏供读者参考。

(设计单位名称)				使用单位	
审核		组长		图号	(图名)
校对		审核			
制图		批准		图号	
日期		比例			

(a) 一般标题栏的格式

设计	(学生姓名)	单位	(专业、班级信息)
审核		图号	
日期		(图名)	
比例			

(b) 简单标题栏(供学生课程学习使用)

图 1-13　标题栏的格式

4) 图幅分区

图幅分区是为了快速查找图纸信息而为图纸建立索引的方法，在地图、建筑图等图形的绘制中比较常见。图幅分区用分区代号的方法来表示，采用行与列两个编号组合而成，编号从图纸的左上角开始，如图 1-14 所示。分区数一般为偶数，每一分区的长度为 25～75 mm，分区在水平和垂直两个方向的长度可以不同。分区的编号水平方向用阿拉伯数字表示，垂直方向用大写英文字母表示，区代号表示方法为字母+数

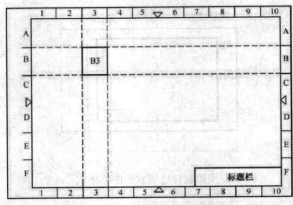

图 1-14　带有分区的图幅

字，如 B3 表示 B 行和第 3 列所形成的矩形区域，结合图纸编号信息则可以表示某图中的指定区域信息，如 22/C6 表示图纸编号为 22 的单张图中 C6 区域。

2. 图线(GB/T 17450—1998《技术制图图线》)

电气制图所用的各种线条统称为图线，图线的宽度按照图样的类型和尺寸大小在 0.13、0.18、0.25、0.35、0.5、0.7、1、1.4、2 中选择，同一图样粗线、中粗线、细线的比例为 4：2：1。根据 GBT/17450—1988 国标规定，图线有实线、虚线、点画线等 16 种基本线型，波浪线、锯齿线等 4 种变形，使用时依据图样的需要选择。表 1-5 仅列出了电气制图常用的图线形式及应用说明，不同线型在绘图中的具体应用见图 1-15。

表 1-5　常用图线形式和应用说明

图线名称	图线型式	图线宽度	主要用途
粗实线	——————————	b	电气线路、一次线路
细实线	——————————	约 b/3	二次线路、一般线路
虚线	— — — — — —	约 b/3	屏蔽线、机械连线
细点划线	— · — · — · — · —	约 b/3	控制线、信号线、围框线
粗点划线	— · — · — · — · —	b	有特殊要求线
双点划线	— ·· — ·· — ·· —	约 b/3	原轮廓线

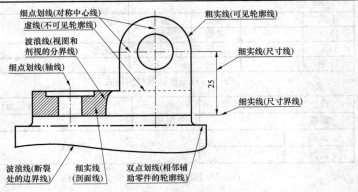

图 1-15　不同线型在绘图中的使用

3. 字体(GB/T 14691—1993《技术制图字体》)

图样和技术文件中的汉字、数字和字母，都必须做到以下几点。

(1) 字体工整、笔画清楚、间隔均匀、排列整齐。字体的号数代表字体高度(用 h 表示)。

(2) 字体高度的公称尺寸系列为：1.8、2.5、3.5、5、7、10、14、20 mm。如需更大的字，其字高应按 $\sqrt{2}$ 的比率递增。

(3) 汉字应写成长仿宋体字，并采用国家正式公布的简化字。汉字的高度 h 应不小于 3.5，其字宽一般为 $h/\sqrt{2}$。字母和数字分 A 型和 B 型。A 型字体的笔画宽度 $d = h/14$，B 型字体的笔画宽度 $d = h/10$。

(4) 在同一张图样上，只允许选用一种型式的字体。

(5) 字母和数字可写成斜体和直体。斜体字字头向右倾斜，与水平基准线成 75°。

4. 比例 (GB/T 14690—1993《技术制图比例》)

比例是指所绘图形与实物大小的比值，通常使用缩小比例系列，前面的数字为 1，后面的数字为实物尺寸与图形尺寸的比例倍数，电气工程图常用比例有 1：10、1：20、1：50、1：100、1：200、1：500 等。需要注意的是，不论采用何种比例，图样所标注的尺寸数值必须是实物的实际尺寸，而与图形比例无关，绘图比例见表1-6。

表 1-6 绘图的比例

种类		比 例				
原值比例		1：1				
放大比例	优先使用	5：1	2：1	5×10^n：1	2×10^n：1	1×10^n：1
	允许使用	4：1	2.5：1	4×10^n：1	2.5×10^n：1	
缩小比例	优先使用	1：2	1：5	1：10	1：2×10^n	1：5×10^n	1：1×10^n
	允许使用	1：1.5	1：2.5	1：3	1：4	1：6	
		1：1.5×10^n	1：2.5×10^n	1：3×10^n	1：4×10^n	1：6×10^n

注：n 为正整数

设备布置图、平面图、结构详图按比例绘制，而系统图、电路图、接线图等多不按比例画出，因为这些图是关于系统功能、电路原理、电气元件功能、接线关系等信息的，绘制的是电气图形符号，而非电气元件、设备的实际形状与尺寸。

5. 其他规定

1) 箭头和指引线

开口箭头用于表示电气图中电气信号的传递方向(能量流、信息流流向)。实心箭头用于表示可变性、力或运动方向，以及指引线的方向。

指引线用来指示注释的对象，应为细实线。指引线末端指向轮廓线内，用一个黑点进行标记；若指向轮廓线上，用一实心箭头标记；指向电气连接线上，加一短一长线进行标记。

2) 围框

当需要在图上显示出图的某一部分，如功能单元、结构单元、项目组时，可用点划线围框表示。如在图上含有安装在别处而功能与本图相关的部分，这部分可加双点划线。

3) 注释

当图示不够清楚时，注释可以用来进行补充解释。注释通过两种方式实现：一是直接放在说明对象附近，通常在注释文字较少时使用；二是加标记，注释放在图面的适当位置，通常在注释文字较多的地方使用。

4) 尺寸标注

尺寸标注是设备制造加工和施工的重要依据，包括尺寸线、尺寸界线、尺寸起止点(由实心箭头或 45°斜点划线构成)及尺寸数字。电气图中设备、装置及元器件的真实尺寸以图样上的尺寸数据为准，而与图形大小和绘制准确度无关；图样中的默认尺寸单位为 mm；同一物体尺寸一般只标注一次。

5) 技术数据

电气图经常牵涉各种技术数据，即关于元器件、设备等技术参数。这些技术数据在图纸上有三种表示方式：一是标注在图形外侧；二是标注在图形内；三是加序号以表格的形式列出。

6) 详图

详图是指电气设备或装置中的部分结构、安装措施的单独局部放大图。详图置于被放大部分的原图上，并在被放大部分补加索引标志。

7) 安装标高

电气工程中设备和线路在平面图中用图例表示，其安装高度不用立体图表示，而是在平面图上用标高来说明。安装标高有绝对标高和相对标高两种方式。在我国，绝对标高是以外黄海海平面为零点而确定的高度尺寸；相对标高是选定某一参考面或参考点为零点而确定的高度尺寸。

电气位置图均采用相对标高法来确定安装标高。

(四) 电气制图和识图的要求、基本方法

1. 电气制图的基本要求

1) 清楚易懂

电气图最终要进入施工现场，技术人员要按照图纸的要求进行施工，这就需要图纸简洁明了，不能有含糊不清的地方，能够让人看懂看明白。

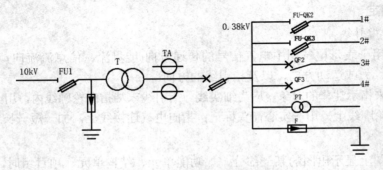

图 1-16　某一变电所电气图

图 1-16 为某一变电所电气图，将 10 kV 电压变换为 0.38 kV 低压，分配给四条支路，用文字符号表示，并给出了变电所各设备的名称、功能和电流方向及各设备的连接关系和

相互位置关系，但没有给出具体位置和尺寸。

2) 简单明了

电气图是用电气元器件或设备的图形符号、文字符号和连线来表示的，没有必要画出电气元器件的外形结构，所以系统构成、功能及电气接线等通常都采用图形符号、文字符号来表示。不能用复杂的图形或者大家都不认识的图形表示元件或者连接关系。

3) 连接关系要清楚

电气图主要是表示成套装置或设备中各元器件之间的电气连接关系，不论是说明电气设备工作原理的电路图、供电关系的电气系统图，还是表明安装位置和接线关系的平面图和连线图等，都表达了各元器件之间的连接关系。

4) 布局合理

电气图的布局依据图所表达的内容而定。电路图、系统图是按功能布局，只考虑是否便于看出元器件之间的功能关系，而不考虑元器件的实际位置，要突出设备的工作原理和操作过程，按照元器件动作顺序和功能作用，从上而下、从左到右布局。而对于接线图、平面布置图，则要考虑元器件的实际位置，所以应按位置布局。

5) 形式多样

对系统的元件和连接线描述的方法不同，构成了电气图的多样性，如元件可采用集中表示法、半集中表示法、分散表示法，连线可采用多线表示、单线表示和混合表示。同时，对于一个电气系统中各种电气设备和装置之间，从不同角度、不同侧面去考虑，存在不同关系。

如何绘制电气图，这是本书后续项目的重点任务，在此不再详细叙述。

2. 电气识图基本常识

1) 电气识图的基本步骤

在熟记电气图形符号所代表的电气设备、装置和控制元件的基础上，能看懂电气原理图，是识图的重点。

(1) 了解说明书。了解电气设备说明书，目的是了解电气设备总体概况及设计依据，了解图纸中未能表达清楚的各有关事项。了解电气设备的机械结构、电气传动方式、对电气控制的要求、设备和元器件的布置情况、电气设备的操作方法以及各种开关、按钮等的作用。

(2) 理解图纸说明。仔细阅读图纸的主标题栏和有关说明，搞清楚设计的内容和安装要求，就能了解图纸的大体情况，抓住看图的要点，如图纸目录、技术说明、电气设备材料明细表、元器件明细表、设计和安装说明书等，结合已有的电工电子技术知识，对该电气图的类型、性质、作用有一个明确的认识，从整体上理解图纸的概况和所要表述的重点。

(3) 掌握系统图和框图。由于系统图和框图只是概略表示系统或分系统的基本组成、相互关系及主要特征，因此紧接着就要详细看电路图，才能清楚它们的工作原理。系统图和框图多采用单线图，只有某些 380 / 220V 低压配电系统图才部分地采用多线图表示。

(4) 熟悉电路图。电路图是电气图的核心，也是内容最丰富而且最难识读的电气图。看电路图时，首先要识读有哪些图形符号和文字符号，了解电路图各组成部分的作用，分清主电路和辅助电路、交流回路和直流回路，其次按照先看主电路，后看辅助电路的顺序进行识读图。

看主电路时，通常要从下往上看，即从用电设备开始，经控制元件依次往电源端看，当然也可按绘图顺序由上而下，即由电源经开关设备及导线向负载方向看，也就是清楚电源是怎样给负载供电的。看辅助电路时，要从上而下、从左向右看，即先看电源，再依次看各条回路，分析各条回路元件的工作情况及其对主电路的控制关系。通过看主电路，要搞清楚电气负载是怎样获取电能的，电源线都经过哪些元件到达负载，以及这些元件的作用、功能。通过看辅助电路，则应搞清辅助电路的回路构成、各元件之间的相互联系和控制关系及其动作情况等。同时还要了解辅助电路与主电路之间的相互关系，进而搞清楚整个电路的工作原理和来龙去脉。

(5) 清楚电路图与接线图的关系。接线图是以电路为依据的，因此要对照电路图来看接线图。看接线图时要根据端子标志、回路标号从电源端依次查下去，搞清线路走向和电路的连接方法，搞清每个回路是怎样通过各个元件构成闭合回路的。看安装接线图时，先看主电路后看辅助回路。看主电路是从电源引入端开始，按顺序经开关设备、线路到负载(用电设备)。看辅助电路时，要从电源的一端到电源的另一端，按元件连接顺序对每一个回路进行分析。接线图中的线号是电气元件间导线连接的标记，线号相同的导线原则上都可以接在一起。由于接线图多采用单线表示，因此对导线的走向应加以辨别，还要搞清端子板内外电路的连接。配电盘内外线路相互连接必须通过接线端子板，因此看接线图时，要把配电盘内外的线路走向搞清楚，就必须注意搞清端子板的接线情况。

阅读图纸的顺序没有统一的规定，可以根据需要自己灵活掌握，并应有所侧重。有时一幅图纸需反复阅读多遍，即实际读图时，要根据图的种类作相应调整。

2) 电气识图的方法

(1) 掌握理论知识。

在实际生产、工作的各个领域，如变配电所、电力拖动系统、各种照明电路、各种电子电路、仪器仪表及家用电器等，识图都是建立在一定理论知识上的。因此要想看懂电气原理图，必须具备一定的电工、电子技术理论知识。如三相电动机的正反转控制，就是利用电动机的旋转磁场方向是由三相交流电的相序决定的原理，采用倒顺开关或两个接触器实现切换，从而改变接入电动机的三相交流电相序，实现电动机正反转的。

(2) 熟悉电气元器件结构。

电路是由各种电气设备、元器件组成的，如电力供配电系统中的变压器、各种开关、接触器、继电器、熔断器、互感器等，电子电路中的电阻器、电感器、电容器、二极管、三极管、晶闸管及各种集成电路等。因此，熟悉这些电气设备、装置和控制元件、元器件的结构、工作原理、用途和它们与周围元器件的关系以及在整个电路中的地位和作用，熟悉具体机械设备、装置或控制系统的工作状态，有利于电气原理图的识图。

(3) 结合典型电路识读图。

所谓典型电路，就是常用的基本电路。如三相感应电动机的启动、制动、正反转、过载保护、联锁电路等，供配电系统中电气主接线常用单母线作为主接线，电子电路中三极管放大电路、整流电路、振荡电路等都是典型电路。

　　无论多么复杂的电路图，都是由若干典型电路所组成的。因此，熟悉各种典型电路，对于看懂复杂的电路图有很大帮助，不仅看图时能很快分清主次环节、信号流向，抓住主要矛盾，而且不易搞错。

　　(4) 根据电气制图要求识读图。

　　电气图的绘制有一定的基本规则和要求，按照这些规则和要求画出的图，具有规范性、通用性和示意性。例如，电气图的图形符号和文字符号的含义、图线的种类、主辅电路的位置、表达形式和方法等，都是电气制图的基本规则和要求，熟悉掌握这些内容对识读图有很大的帮助。

　　(5) 分清控制线路的主辅电路。

　　① 分析主电路的关键是弄清楚主电路中用电器的工作状态是由哪些控制元件控制的。将控制与被控制的关系弄清楚，可以说电气原理图基本就读懂了。

　　② 分析控制电路就是弄清楚控制电路中各个控制元件之间的关系，弄清楚控制电路中哪些控制元件控制主电路中用电负载状态的改变。

　　③ 分析控制电路时最好是按照每条支路串联控制元件的相互制约关系去分析，然后再看该支路控制元件动作对其他支路中的控制元件有什么影响。采取逐渐推进法分析是比较好的方法。

　　控制电路比较复杂时，最好是将控制电路分为若干个单元电路，然后将各个单元电路分开分析，以便抓住核心环节，使复杂问题简化。

项目小结

　　电气图是电气工程设计与施工的依据，制图和识图需要具备一定的专业知识和电气图知识，否则即使学会了 AutoCAD 软件，也不能绘制出规范且符合要求的电气图。本项目比较系统地介绍了电气图的基本概念、分类、特点、电气符号、布局和识图常识等，还介绍了电气图制图中的国家标准和一般的规定，有助于学生从总体上掌握电气图，为后续项目的绘图和识图奠定基础。

项目习题

　　1. 电气图常见的有哪几类?作用是什么?

　　2. 电气图有哪些特点?

　　3. 电气图的常用图幅有哪些?

　　4. 图幅分区有什么意义?

　　5. 电气图形符号由哪几部分组成?

　　6. 电气图一般如何布局?

项目二　AutoCAD 2008 基本操作

⭐ 项目目标

【能力目标】

熟悉 AutoCAD 2008 软件的工作环境，具备文件操作和设置绘图环境的能力。

【知识目标】

1. 熟悉 AutoCAD 2008 软件的工作界面及其各组成的功能、位置
2. 掌握直角坐标、极坐标的输入方法
3. 掌握启动/退出 AutoCAD 2008 软件的方法
4. 掌握基本的绘图环境设置方法

⭐ 项目描述

AutoCAD 2008 软件绘图工具/命令较多，分布在菜单、工具栏、状态栏和对话框中，熟悉软件的工作界面，有利于明确其功能、启动或放置的位置，是学好该软件的基础。本项目介绍 AutoCAD 2008 软件的工作界面，通过项目的学习，掌握文件操作和绘图环境的设置。

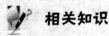 **相关知识**

（一）AutoCAD 2008 软件介绍

"CAD"是计算机辅助设计(Computer Aided Design，CAD) 英文单词的缩写，而"Auto"则是"AutoDesk"单词的前面部分。AutoCAD 是美国 AutoDesk 公司开发的通用 CAD 工作平台，可以用来创建、浏览、管理、输出和共享 2D 或 3D 设计图形。AutoCAD 自 1982 年问世以来，已经历了十余次升级，每一次升级，其功能都得到了逐步增强，且日趋完善。也正因为 AutoCAD 具有强大的辅助绘图功能，因此，AutoCAD 在建筑、机械、测绘、电子、汽车、服装和造船等许多行业中得到了广泛的应用，它已成为工程设计领域中应用最为广泛的计算机辅助绘图与设计软件之一。

根据市场调研，多数公司出于成本的考虑，依然采用低版本的 AutoCAD 软件。2012、2013 版本对计算机的配置要求较高，功能改进不是很多，软件启动速度比较慢，而 2007 和 2008 版本稳定性好，启动速度快。至于三维图形的渲染，一直是 AutoCAD 软件的弱项，虽然高版本的 AutoCAD 此功能有所加强，但还是差强人意。对三维图形渲染的通常做法是：先在 AutoCAD 平台上构建三维模型，然后在 3D MAX 软件上进行渲染，效果比较好。通

过反复比较和权衡，本书采用 AutoCAD 2008 软件作为教学平台，比较符合市场实际情况，并且兼顾了大多数习惯于 2007 版本的用户。

(二) AutoCAD 2008 的启动、退出

1. 启动 AutoCAD 2008 软件的方式

(1) 桌面启动。双击桌面图标" AutoCAD 2008"。

(2) "开始菜单"启动。单击"开始菜单"→"所有程序"→"Autodesk"→"AutoCAD 2008 Simplified Chinese"→" AutoCAD 2008"。

(3) 硬盘启动。如 AutoCAD 2008 软件安装在 D 盘，其启动操作顺序为：单击"D:"→"AutoCAD 2008 安装文件夹"→" acad.exe"。

软件启动后的界面见图 2-1。

2. 退出 AutoCAD 2008 软件的方式

(1) 标题栏退出。单击 AutoCAD 2008 标题栏中的关闭按钮" X"。

(2) 菜单退出。单击"文件(F)"→"退出(X)"。

(3) 快捷菜单退出。将鼠标放置在 AutoCAD 2008 软件的标题栏上右单击，弹出一个菜单，然后单击"关闭"按钮。

(三) AutoCAD 2008 的工作界面

中文版 AutoCAD 2008 为用户提供了"二维草图与注释"、"AutoCAD 经典"和"三维建模"三种工作模式。采用"AutoCAD 经典"工作模式时，其界面主要由标题栏、菜单栏、工具栏、绘图区、命令行、坐标系和状态栏等组成，见图 2-1。

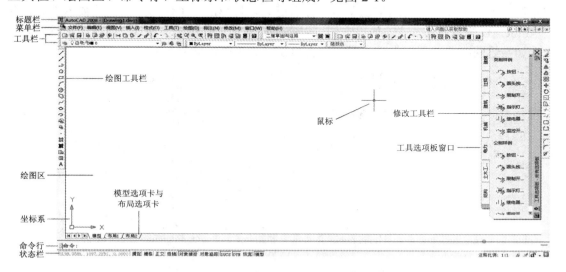

图 2-1　"AutoCAD 2008 经典"工作界面

1. 标题栏

标题栏位于应用程序窗口的最上面，用于显示当前正在运行的程序名及文件名等信息，如果是 AutoCAD 默认的图形文件，其名称为 DrawingN.dwg(N 是数字)。单击标题栏右端

的按钮，可以最小化、最大化或关闭应用程序窗口。标题栏最左边是应用程序的小图标，右单击它将会弹出一个 AutoCAD 窗口控制下拉菜单，可以进行最小化或最大化窗口、恢复窗口、移动窗口和关闭 AutoCAD AutoCAD 等操作。

2. 菜单栏与快捷菜单

中文版 AutoCAD 2008 的菜单由"文件"、"编辑"、"视图"等 11 个菜单组成，几乎包括了 AutoCAD 中全部的功能和命令，图 2-2 就是"格式"菜单的展开。

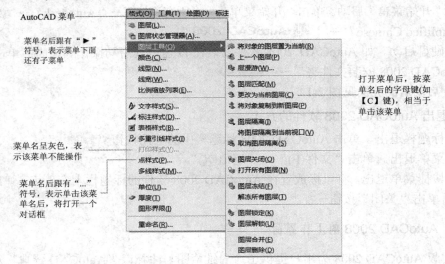

图 2-2　AutoCAD 2008 的菜单

除标准下拉菜单外，AutoCAD 还提供了快捷菜单。在绘图区、工具栏、状态栏、模型与布局选项卡以及一些对话框上单击鼠标右键时，将弹出一个快捷菜单，该菜单中的命令与 AutoCAD 当前状态相关。使用它们可以在不启动菜单的情况下快速、高效地完成某些操作，如在绘图区或工具栏上右击时，均会出现快捷菜单，见图 2-3。

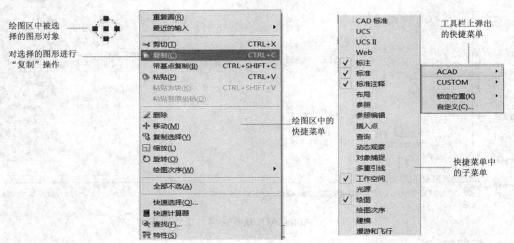

(a) 在绘图区右击出现的快捷菜单　　　　(b) 在工具栏上右击出现的快捷菜单

图 2-3　AutoCAD 2008 的快捷菜单

3. 工具栏

工具栏是使用 AutoCAD 命令最直接的方式，它包含许多由图标表示的命令按钮。在 AutoCAD 2008 中，系统为用户提供了 30 多个工具栏，默认情况下，"标准"、"绘图"和"修改"等工具栏处于打开状态。如果要显示当前隐藏的工具栏，可在任意工具栏上单击鼠标右键后会弹出一个快捷菜单，单击"ACAD"快捷菜单，这样就可通过选择某个工具栏名称来调出或关闭相应的工具栏。如选择快捷菜单中的"绘图"菜单，则"绘图"前显示"√"，意味着该菜单选中，绘图区中将会出现"绘图"工具栏，同理，如选中"修改"菜单，绘图区中将会出现"修改"工具栏，见图 2-4。

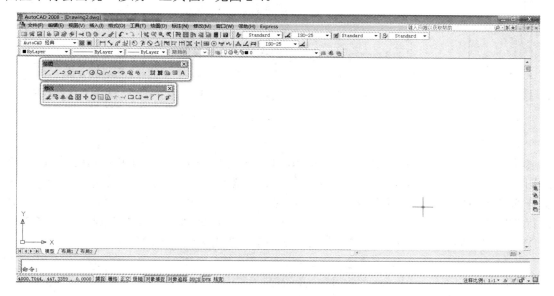

图 2-4　AutoCAD 2008 的工具栏

4. 绘图区

在 AutoCAD 中，绘图区是用户绘图的工作区域，所有的绘图结果都反映在这个窗口中。可以根据需要关闭其周围和里面的各个工具栏，以增大绘图空间。如果图纸比较大，需要查看未显示部分时，可以单击窗口右边与下边滚动条上的箭头，或拖动滚动条上的滑块来移动图纸，绘图区见图 2-1。

在绘图区中除了显示当前的绘图结果外，还显示了当前使用的坐标系类型以及坐标原点、X 轴、Y 轴、Z 轴的方向等。默认情况下，坐标系为世界坐标系(WCS)。绘图区的下方有"模型"和"布局"选项卡，单击其标签可以在模型空间或图纸空间之间切换。

5. 命令行与 AutoCAD 文本窗口

"命令行"窗口位于绘图窗口的底部，用于接收用户输入的命令，并显示 AutoCAD 提示信息，在 AutoCAD 2008 中，"命令行"窗口可以拖放为浮动窗口。"AutoCAD 文本窗口"是记录 AutoCAD 命令的窗口，是放大的"命令行"窗口，它记录了已执行的命令，也可以用来输入新命令。在 AutoCAD 2008 中，可以单击菜单"视图"→"显示"→"文本窗口"执行命令或按 F2 键来打开 AutoCAD 文本窗口，它记录了操作的基本过程，见图 2-5。

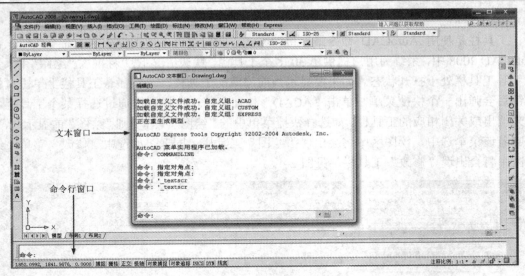

图 2-5　AutoCAD 2008 的命令行窗口与文本窗口

6. 状态栏

状态栏用来显示 AutoCAD 当前的状态,如当前光标的坐标、命令和按钮的说明等。在绘图窗口中移动光标时,状态栏的"坐标"区将动态显示当前坐标值。坐标显示取决于所选择的模式和程序中运行的命令,共有"相对"、"绝对"和"无"3 种坐标显示模式。状态行还包括如"捕捉"、"栅格"、"正交"、"极轴"、"对象捕捉"、"对象追踪"、"DUCS"、"DYN"、"线宽"和"模型"(或"图纸")将 10 个功能按钮,见图 2-6。

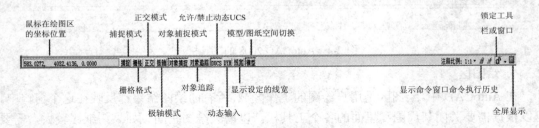

图 2-6　　状态栏

7. 坐标系

在绘图过程中要精确定位某个对象时,必须以某个坐标系作为参照,以便精确拾取点的位置。通过 AutoCAD 的坐标系可以提供精确绘制图形的方法,能够按照很高的精度标准,准确地设计并绘制图形。

AutoCAD 提供了一个三维空间,通常我们的建模工作都是在这样一个空间中进行的。AutoCAD 系统为这个三维空间提供了一个绝对的坐标系,称之为世界坐标系(WCS,World Coordinate System),这个坐标系存在于任何一个图形之中,并且不可更改,在平面绘图中,平面坐标系的第三维坐标始终为零。AutoCAD 的坐标系有以下几种:

1) 直角坐标系

直角坐标系由一个原点(坐标为(0,0))和两个通过原点的、相互垂直的坐标轴构成(见

图 2-7)。其中，水平方向的坐标轴为 X 轴，以向右为其正方向；垂直方向的坐标轴为 Y 轴，以向上为其正方向。平面上任何一点 P 都可以由 X 轴和 Y 轴的坐标所定义，即用一对坐标值(x，y)来定义一个点。例如，某点的直角坐标为(3，4)。

　　2) 极坐标系

　　极坐标系是由一个极点和一个极轴构成(见图 2-8)的，极轴的方向水平向右。平面上任何一点 P 都可以由该点到极点的连线长度 L(>0)、连线与极轴的夹角 α(α 为极角，逆时针方向为正)所定义，即用一对坐标值(L<a)来定义一个点，其中"<"表示角度。例如，某点的极坐标为(5<30)。

图 2-7　直角坐标系　　　　　　　　　　图 2-8　极坐标系

　　3) 相对坐标

　　在某些情况下，用户需要直接通过点与点之间的相对位移来绘制图形，而不想指定每个点的绝对坐标，为此，AutoCAD 提供了使用相对坐标的办法。所谓相对坐标，就是某点与参考点的相对位移值，在 AutoCAD 中相对坐标用"@"标识。使用相对坐标时可以使用直角坐标，也可以使用极坐标，可根据具体情况而定。例如，某一直线的起点坐标为(5，5)、终点坐标为(10，5)，则终点相对于起点的相对坐标为(@5，0)，用相对极坐标表示应为(@5<0)，见图 2-9 和图 2-10。

　　图 2-9 中，A、B、C 三点的绝对坐标分别为(−1，1)、(2，2)和(4，−2)，C 点相对 B 点的坐标为(2，−4)，记为(@2，−4)。在图 2-10 中，A、B 两点的绝对极坐标分别为 4<30、4<−30，B 点相对 A 点的相对极坐标为@4<−90。

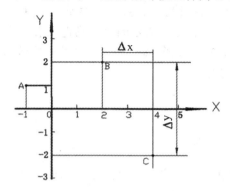
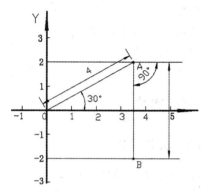

图 2-9　绝对直角坐标和相对直角坐标　　　　图 2-10　绝对极坐标和相对极坐标

　　4) 世界坐标系 WCS 和用户坐标系 UCS

　　AutoCAD 系统为用户提供了一个绝对坐标系，即世界坐标系(WCS)。通常 AutoCAD

构造新图形时将自动使用 WCS。虽然 WCS 不可更改，但可从任意角度、任意方向来观察或旋转。相对于世界坐标系 WCS，用户可根据需要创建无限多的坐标系，这些坐标系称为用户坐标系(UCS，UserCoordinate System)。用户使用"ucs"命令来对用户坐标系 UCS 进行定义、保存、恢复和移动等一系列操作，如果在用户坐标系 UCS 下想要参照世界坐标系 WCS 指定点，在坐标值前加星号"*"。

5) 坐标值的显示

在屏幕底部状态栏中显示当前光标所处位置的坐标值，该坐标值有三种显示状态，如图 2-11 所示。

(1) 绝对坐标状态：显示光标所在位置的绝对坐标。

(2) 相对极坐标状态：在相对于前一点来指定第二点时可使用此状态。

(3) 关闭状态：颜色变为灰色，并"冻结"关闭时所显示的坐标值。具体操作同上。

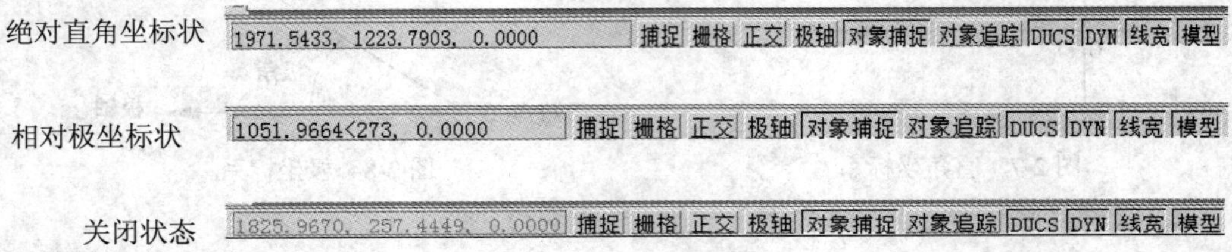

绝对直角坐标状 | 1971.5433, 1223.7903, 0.0000 | 捕捉 栅格 正交 极轴 对象捕捉 对象追踪 DUCS DYN 线宽 模型

相对极坐标状 | 1051.9664<273, 0.0000 | 捕捉 栅格 正交 极轴 对象捕捉 对象追踪 DUCS DYN 线宽 模型

关闭状态 | 1825.9670, 257.4449, 0.0000 | 捕捉 栅格 正交 极轴 对象捕捉 对象追踪 DUCS DYN 线宽 模型

图 2-11　坐标值的显示

用户可根据需要在这三种状态之间进行切换，方法也有三种：

(1) 连续按 F6 键可在这三种状态之间相互切换。

(2) 在状态栏中显示坐标值的区域，双击也可以进行切换。

(3) 在状态栏中显示坐标值的区域，单击右键可弹出快捷菜单，可在菜单中选择所需状态。

6) 工具选项板窗口

工具选项板窗口能为用户提供一种组织、共享和放置块及填充图案的有效方法，如图 2-1 右侧边所示，合理使用"工具选项板"可加快绘图速度。选择下拉菜单"工具(T)"→"选项板"→"工具选项板(T)"命令，就可以打开如图 2-1 所示的"工具选项板"窗口。用户可以单击选项板右下角的特性图标，在弹出菜单中选择"新建"、"添加"、"修改"、"删除"或"重命名"等命令，用以编辑创建新的选项板。

🔑 项目实施

(一) 文件操作

在 AutoCAD 2008 中，图形文件管理包括创建新图形文件、打开已有图形文件、保存图形文件以及关闭图形文件等操作。

1. 创建新图形文件

创建新图形文件是绘图前要进行的一项操作，需要在"选择样板"对话框中进行，启动"选择样板"对话框有以下三种方式：

(1) 菜单启动：单击"文件(F)"→"新建(N)"。

(2) 工具栏启动：单击标准工具栏上的新建"▭"按钮。

(3) 快捷键启动：按快捷键 Ctrl+N。

"选择样板"对话框见图 2-12。

图 2-12　"选择样板"对话框

"选择样板"对话框为用户提供了多种绘图文件样式，有的样板带有图框和标题栏，如"Tutorial-iArch"系列样板。选择不同的绘图样板，其绘图环境是不同的。当选中一个格式后，会打开一个默认的绘图文件，其默认的文件名为"Drawing1.dwg"(见 AutoCAD 2008 软件的标题栏)。

> **注意**：在图 2-12"名称"列表中，列出了要创建的文件类型。对二维图形，一般选"acad.dwt"和"acadiso.dwt"两种常用类型，这两种文件格式是有区别的，"acad.dwt"格式属于英制，绘图单位是英寸，常用于大多数图形的绘制，而"acadiso.dwt"格式属于公制，单位为毫米，常用于机械制图。在电气制图中，一般选"acadiso.dwt"格式，比较符合国标和中国人的习惯。对三维图形，一般选"acad3D.dwt"和"acadiso3D.dwt"两种类型，这两种格式的区别同"acad.dwt"和"acadiso.dwt"的区别。

2. 另存文件

另存文件的目的是给文件重新命名，并将文件存放在指定的硬盘目录下，便于下次绘图时打开，防止文件找不到。在启动"另存为"文件对话框前，要在硬盘分区"E：\"或"F：\"根目录下先创建一个名为"基本操作"的文件夹。

文件另存操作的具体步骤为：

1) "图形另存为"文件对话框启动方式

(1) 菜单启动。单击"文件(F)"→"另存为(A)…"。

(2) 标准工具栏启动。单击标准工具栏上的保存"▤"按钮。

(3) 快捷键启动。按快捷键"Ctrl+S"。

这三种方式均会打开"图形另存为"对话框(见图 2-13)，然后进行以下操作。

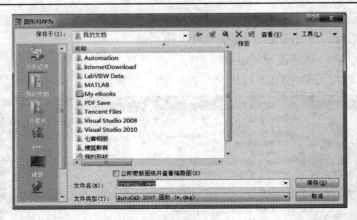

图 2-13　"图形另存为"对话框

2) 保存文件

(1) 在"图形另存为"对话框的"文件名(N)"文本框中输入文件名，如"基本操作"。要注意的是，输入文件名时，要保留文件的后缀".dwg"。

(2) 单击"保存于"下拉列表框，选择硬盘及相应的文件夹，然后单击"保存"按钮保存文件，在本任务中选择"E：\文件操作"文件夹，保存创建的文件。

3. 打开文件

打开存放在硬盘中的图形文件时有以下三种方式。

1) 打开"选择文件"对话框的方式

(1) 菜单打开。单击"文件(F)"→"打开(O)"。

(2) 标准工具栏打开。单击标准工具栏上的打开""按钮。

(3) 快捷键打开。按快捷键"Ctrl+O"。

2) 打开文件

以上打开文件的方式均会打开一个"选择文件"对话框(见图 2-14)，然后进行以下操作：单击"搜素于(I)"下拉列表框→硬盘"E："→"基本操作"文件夹→双击"基本操作.dwg"，就完成了文件打开。

图 2-14　选择文件对话框

(二) 绘图环境设置操作

当文件创建、保存完成后，为便于绘图，首先要对绘图环境进行设置，这对于初学者来说，是必须养成的一个好习惯。

1. 绘图区背景颜色设置操作

绘图区中的默认背景颜色是黑色，而布局选项卡中的背景是白色，系统允许用户根据自己的习惯和爱好，对绘图区背景颜色进行设置，具体的操作为：

(1) 单击菜单"工具(F)"→"选项(N)"，打开如图 2-15 所示的"选项"对话框。

(2) 单击"显示"选项卡，再单击"窗口元素"选项组中的"颜色"按钮，打开"图形窗口颜色"对话框(见图 2-15)。

(3) 单击"图形窗口颜色"对话框的"颜色"下拉列表框，从中选择某种颜色(单击最后一项"选择颜色…"可获得更多颜色选择)。

(4) 单击"图形窗口颜色"对话框的"应用并关闭"按钮。如黑色背景对应白色光标和白色默认图线，白色背景对应黑色光标和黑色图线。

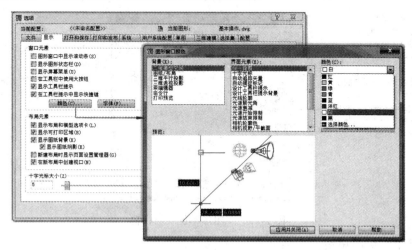

图 2-15　设置绘图区背景颜色

2. 选择工作空间模式

系统提供了三种典型工作空间模式供用户使用，每个工作空间预先打开了一些工具栏，设置了工具选项板部分内容。设计人员可以根据设计类型切换工作空间模式以便快速进入设置的绘图环境，见图 2-16。具体操作为：单击菜单栏"工具(F)"→"工作空间"，可在二维草图与注释、三维建模、AutoCAD 经典这三种模式中任选一种。

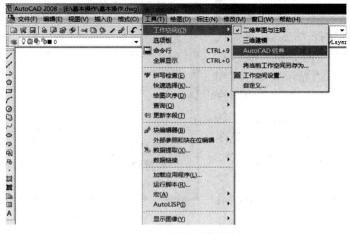

图 2-16　工作空间模式选择

3. 设置图形单位

在 AutoCAD 中，用户可以采用 1∶1 的比例因子绘图，因此，所有的直线、圆和其他对象都可以以真实大小来绘制。例如，如果一个零件长 200 cm，那么它也可以按 200 cm 的真实大小来绘制。图形单位设置操作如下：

单击 AutoCAD 2008 软件菜单"格式(O)"→"单位(U...)"，打开"图形单位"对话框(见图 2-17)，设置绘图使用的长度单位、角度单位，以及单位的显示格式和精度(小数点后的位数)等参数。在电气图绘图中，长度单位一般选"小数"，插入比例选毫米，即选公制单位。

图 2-17　"图形单位"对话框

4. 设置绘图极限设置

在中文版 AutoCAD 2008 中，使用 LIMITS 命令可以在模型空间中设置一个假想的矩形绘图区域，也称为图限。它确定的区域是可见栅格指示的区域，也是选择"视图"→"缩放"→"全部"命令时决定显示多大图形的一个参数。

5. 设置参数选项

有时为了使用特殊的定点设备(如打印机)或提高绘图效率，用户需要在绘制图形前先对系统参数进行必要的设置。其操作为：选择"工具"→"选项"，可打开"选项"对话框。在该对话框中包含"文件"、"显示"、"打开和保存"、"打印和发布"、"系统"、"用户系统配置"、"草图"、"三维建模"、"选择"和"配置"等 10 个选项卡，见图 2-18。如对"草图"选项卡进行设置，可单击"草图"选项卡，然后可对绘图区的颜色、自动捕捉框的大小、箭靶的大小进行设置，用户可逐一进行操作体会。

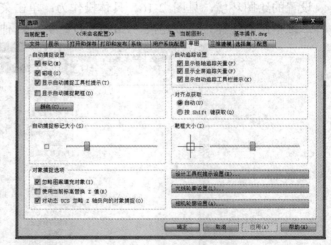

图 2-18　"选项"对话框

6．状态栏工具按钮的功能及其设置

状态栏工具按钮主要有"捕捉"、"栅格"、"正交"、"极轴"、"对象捕捉"、DYN(动态输入)、"对象追踪"和"线宽"等 9 个按钮，状态栏按钮见图 2-19。

1) "捕捉"按钮

"捕捉"功能用以限制光标的移动距离，可直接使用鼠标快捷准确地确定目标点，"捕捉"按钮见图 2-19。单击该按钮，如按钮下沉，即形状为"捕捉"时，表示打开，如果按钮弹起，即形状为"捕捉"时，表示关闭，见图 2-19。

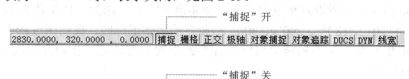

图 2-19　状态栏按钮的"开"与"关"状态

右单击"捕捉"按钮，可启动"草图设置"对话框。单击"草图设置"对话框上的"捕捉和栅格"选项卡，可对"捕捉"按钮功能进行设置，见图 2-19。

"捕捉和栅格"选项卡说明。

"启用捕捉"复选框：打开或关闭捕捉方式。选中该复选框，可以启用捕捉。

"捕捉间距"选项组：设置捕捉间距、捕捉角度以及捕捉基点坐标。

"启用栅格"复选框：打开或关闭栅格的显示。选中该复选框，可以启用栅格。

"栅格间距"选项组：设置栅格间距。如果栅格的 X 轴和 Y 轴间距值为 0，则栅格采用捕捉 X 轴和 Y 轴间距的值。

"捕捉类型"选项组：可以设置捕捉类型和样式，包括"栅格捕捉"和"极轴捕捉"两种。

"栅格行为"选项组：用于设置"视觉样式"下栅格线的显示样式(三维线框除外)。

2) "正交"按钮

使用"正交"按钮可保证绘制的垂直线和水平线直线不打折，没有锯齿形状。"正交"按钮见图 2-20。"正交"按钮的"开"与"关"同"捕捉"按钮。

3) "极轴追踪"按钮

极轴与正交的作用有些类似，也是为要绘制的直线临时对齐路径，然后输入一个长度单位就可以在该路径上绘制一条指定长度的直线。理解了正交的功能后，就不难理解极轴追踪了。

(1) "极轴"的启用与设置。

"极轴"的启用：单击状态工具栏上

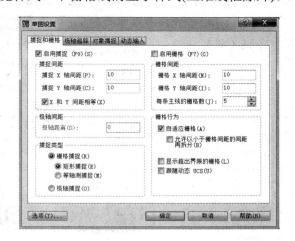

图 2-20　"捕捉与栅格"对话框

的 "极轴" 按钮，使其处于凹陷状态。

"极轴追踪" 的设置：右单击 "极轴" 按钮，启动 "草图设置" 对话框，再单击 "极轴追踪" 选项卡，对 "极轴追踪" 进行设置，见图 2-22。"极轴追踪" 选项卡主要由 "极轴角设置"、"对象捕捉追踪设置" 和 "极轴角测量" 等选项组组成。

(2) "极轴追踪" 各选项组的设置说明。

① 极轴角设置。极轴角设置包括增量角和附加角两项。

■ 增量角。用来设置显示极轴追踪对齐路径的极轴角度增量。当设置了增量角后，绘图时，光标将会定位在所设置角度的任何倍数角度的方向，例如，增量角为 60° 时，光标在 0°、60°、120°、180°、240°、300° 都会显示极轴追踪线。在绘图过程中可以暂时更改极轴捕捉的增量角，又不影响 "极轴追踪" 的设置，方法是，在命令行提示下输入 "<角度"，如 <60。

■ 附加角。用于设置除了增量角以外，再指定附加角来指定极轴追踪方向。可单击 "新建" 按钮添加附加角度。例如，增量角为 60°、附加角为 20°，则在 60° 角的倍数上和 20° 角处都可以和极轴追踪对齐路径。

② 对象捕捉追踪设置。对象捕捉追踪设置有两种模式：一种为 "仅正交追踪"，当对象捕捉和对象追踪打开时，仅显示已获得的对象捕捉点的正交(水平/垂直)追踪路径；另一种模式为 "用所有极轴角设置追踪"，当对象捕捉和对象追踪打开时，在指定点时，允许光标沿已获得的对象捕捉点的任何极轴角追踪路径进行追踪。

③ 极轴角测量。极轴角测量有两种方式：一是绝对方式，根据当前用户坐标系(UCS)确定极轴追踪角度；二是相对上一方式，根据上一个绘制线段确定极轴追踪角度。

(3) 实例操作。

"极轴追踪" 是一个非常有用的工具，现以绘制一条长 100 单位、与 X 轴夹角为 30° 的直线为例说明其作用，其操作过程如下：

① 右单击状态栏上的 "极轴追踪" 按钮，启动 "草图设置" 对话框，调节增量角为 30 后，单击 "确定" 按钮关闭对话框，见图 2-23。

图 2-23　设置 "极轴追踪" 增量角

② 单击绘图工具栏上的直线 "／" 按钮后，在屏幕上单击确定第一点位置，缓慢移动

鼠标，当光标跨过 0°或者 30°角时，AutoCAD 将显示对齐路径和文本提示(虚线为对齐的路径，白底黑字的为工具栏提示)。当斜线的角度为 30°时，输入线段的长度 100 后回车，在屏幕上就绘出了与 X 轴成 30°角且长度为 100 的一段直线，见图 2-24。

图 2-24　追踪增量角

4) "对象捕捉"按钮

"对象捕捉"用于捕捉视图中图形对象的特征点。这个按钮对绘制图形相当重要，可使用户能够准确地绘制图形，是一个使用频繁的工具。使用"对象捕捉"的前提条件是文件中已存在图形对象，并且是执行新的绘图命令时，"对象捕捉"才能起作用。捕捉图形对象的特征点时，用鼠标在图形对象上移动，就能够找到需要的特征点，如端点、中点、垂足、切点等。当不需要捕捉图形上的特征点时，必须关闭对象捕捉功能，避免新绘制的图形画到不希望的地方。使用"对象捕捉"功能时，首先要对"对象捕捉"选项卡进行设置，设置操作为：

(1) 右单击"对象捕捉"按钮，这时会出现一个弹出菜单，然后单击"设置"子菜单，启动如图 2-21 所示的"草图设置"对话框。

(2) 单击选择图 2-21 中的"对象捕捉"选项卡，依次勾选要捕捉的特征点，最后按"确定"按钮完成设置。

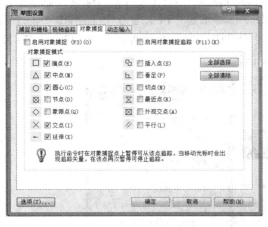

图 2-21　"对象捕捉"选项卡设置　　　　　　图 2-22　"极轴追踪"选项卡设置

5) "对象追踪"按钮

"对象追踪"全名为"对象捕捉追踪"。当在已绘制图形的基础上开始画图时，使用对象捕捉追踪，可以沿着基于对象捕捉点的对齐路径进行追踪。已获取的点将显示一个小加号(+)，一次最多可以获取七个追踪点。获取点之后，当在绘图路径上移动光标时，将显示相对于获取点的水平、垂直或极轴对齐路径。现举例说明"对象捕捉追踪"的应用。在直线 a 上绘制一条过其中点的垂直线 b，b 直线的长度为 800，其操作过程见图 2-25 示意图。

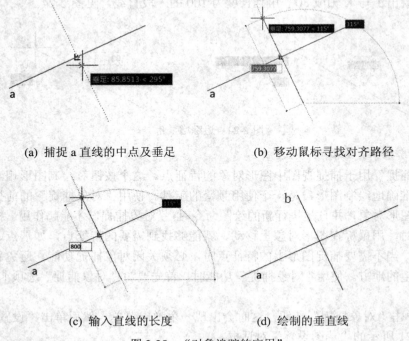

(a) 捕捉 a 直线的中点及垂足　　　　　　(b) 移动鼠标寻找对齐路径

(c) 输入直线的长度　　　　　　　　　　(d) 绘制的垂直线

图 2-25　"对象追踪的应用"

6) DYN(动态输入)

"动态输入"主要用于精确输入点的坐标，或者绘制具有确定长度的线段。使用"动态输入"功能可以在指针位置显示标注输入和命令行等信息，极大地方便了绘图。"动态输入"选项卡的启动方式"极轴追踪"相同，具体设置见图 2-26。下面结合"动态输入"(DYN)按钮的设置，举例说明坐标(直角坐标和极坐标)的输入。

图 2-26　"动态输入"选项卡设置

(1) 直角坐标的输入。

① 在状态栏上，单击打开"动态输入"(DYN)按钮，使其处于启用状态。

② 先输入 X 坐标值，后输入逗号"，"，再输入 Y 坐标值并按 Enter 键。如在绘图区绘制直线时，线段的第一点的直角坐标为(33，66)，则具体的操作为：先在 X 坐标输入文本框中输入坐标 33，见图 2-27(a)，再输入一个逗号"，"后(或者按 TAB 键)，坐标输入立即由 X 坐标输入文本框切换到 Y 坐标输入文本框，然后输入 Y 坐标 66，见图 2-27(b)。必须注意的是逗号必须是英文输入状态下的逗号。

(a) 输入 x 坐标　　　　　　　　　(b) 输入 y 坐标

图 2-27　直角坐标的输入

(2) 极坐标的输入。

① 在状态栏上，单击打开"动态输入"(DYN)按钮和"极轴追踪"按钮，使其处于"开"状态。

② 在"距离"文本框中输入距离后，按 Tab 键切换到"角度"文本框，然后输入角度值并按 Enter 键。如在绘图区绘制一条长 1000，与水平方向的夹角为 60°的斜直线，则具体的操作为：先在距离输入文本框输入距离 1000，见图 2-28(a)，再按 Tab 键切换到角度输入文本框，输入角度 60°，见图 2-28(b)。

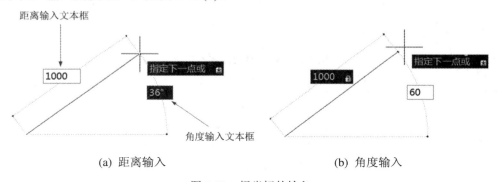

(a) 距离输入　　　　　　　　　(b) 角度输入

图 2-28　极坐标的输入

在坐标输入切换的过程中，会出现一个"🔒"的图标，表明先输入的坐标是不能更改的。至于相对坐标输入时，先输入一个"@"后，输入第一个坐标的值，再输入第二个坐标值，中间的切换操作与绝对坐标的输入是相同的。

🔅 项目小结

本项目介绍了 AutoCAD2008 软件的工作作界面及其基本功能，对文件的创建、保存、打开和关闭等进行了操作，同时为了画出规范的图形，对基本的绘图环境设置过程进行了介绍。

项目习题

1. 采用直角坐标输入的方式绘制如图 2-29 所示的图形。

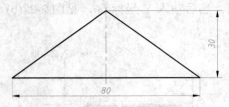
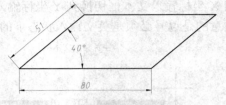

图 2-29　直角坐标输入练习　　　　　　　　　图 2-30　极坐标输入练习

2. 采用极坐标输入的方式绘制如图 2-30 所示的图形。

3. 采用相对极坐标输入的方式绘制如图 2-31 所示的图形。

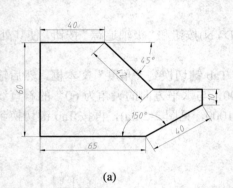

(a)　　　　　　　　　　　　　　　　　(b)

图 2-31　相对极坐标输入练习

项目三　机械零件图识图与绘图

★ 项目目标

【能力目标】

通过识读与绘制如图 3-1 所示的某箱盖机械零件图，具备绘制一般机械零件图的能力。

【知识目标】

1. 掌握特性工具栏的使用
2. 掌握图层的含义、用途、创建、修改和删除方法
3. 掌握对象的选择、视图的缩放与移动等操作
4. 掌握直线、圆、矩形和图案填充等常用绘图工具的使用方法
5. 掌握偏移、镜像、修剪、圆角和倒角等修改工具的使用方法
6. 掌握尺寸标注样式的创建和修改、尺寸标注工具的使用及标注的一般常识
7. 掌握一般机械零件图识图和绘图的方法

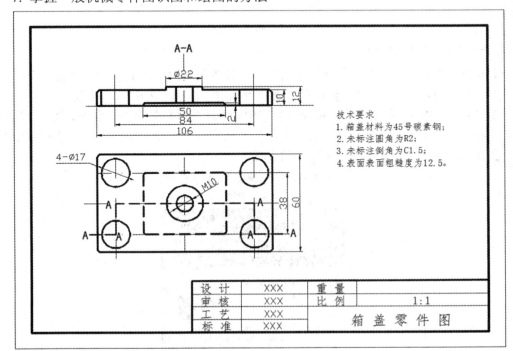

图 3-1　箱盖机械零件图

项目描述

实际的电气系统包含了许多设备、组件、装置和元器件等产品，在这些产品中就包含了一些机械零件，机械零件在这些产品中所起的基本作用有：一是机械零件在电流的驱动下，执行某些规定的动作，是执行部件；二是许多电子电气产品安装在机械零件上，起到了支撑和固定的作用；三是这些电子电器产品需要机械零件做外壳，进行隔离和保护，可以说电气工程和机械工程是无法割离的。因此，具备一定的机械制图和识图能力，是技术人员安装、调试电气设备的需要。本项目通过使用基本的绘图和标注等工具，并结合对象捕捉与追踪工具，完成如图 3-1 所示箱盖机械零件图的绘制。

相关知识

（一）特性工具栏的使用

特性工具栏主要用于设置或修改绘图区图形对象的颜色、线型和线宽等特性，这些特性通常在图层中进行设置，但对于一张有多种线型、线宽的图形，有时就需要在特性工具栏中单独设置或修改，特性工具栏及说明见图 3-2。

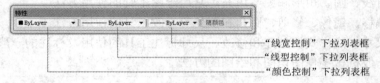

"线宽控制"下拉列表框
"线型控制"下拉列表框
"颜色控制"下拉列表框

图 3-2　特性工具栏

1. 设置图形对象的颜色

使用绘图工具绘制图形对象前，可根据需要设置图形对象的颜色。具体操作为：

(1) 单击特性工具栏的"颜色控制"下拉列表框，选择列表中的一种颜色。

(2) 如列表中的颜色不够用，可选择列表中的"选择颜色"选项，启动如图 3-3 所示的"选择颜色"对话框，然后选择"索引颜色"、"真彩色"、"配色系统"三个选项卡中的一个，选中一种颜色，完成图形对象颜色的设置。

图 3-3　"选择颜色"对话框

2. 设置图形对象的线型

使用绘图工具绘制图形对象前，可根据需要设置图形对象的线型，具体操作为：

(1) 单击特性工具栏的"线型控制"下拉列表框，选择列表中的一种线型。

(2) 加载线型。如下拉列表框中没有需要的线型，单击列表中的"其他"选项，启动图 3-4 所示的"线型管理器"对话框。

(3) 单击"线型管理器"对话框中的"加载"按钮，启动"加载或重载线型"对话框，见图 3-5，从对话框列出的线型中选择所需的线型，然后单击"确定"按钮返回图 3-4 所示的"线型管理器"对话框，单击该对话框的"确定"按钮，完成线型的加载。

(4) 再次单击特性工具栏"线型控制"下拉列表框，选定刚才加载到列表中的线型。

 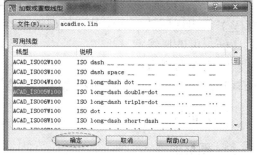

图 3-4　"线型管理器"对话框　　　　　　图 3-5　"加载或重载线型"对话框

3. 设置图形对象的线宽

使用绘图工具绘制图形对象前，可根据需要设置图形对象的线宽，线宽的选择要按照国家标准进行。具体操作为：单击特性工具栏"线宽控制"下拉列表框，出现图 3-6 所示的线宽下拉列表框，然后选择其中一种线宽，完成线宽设置。

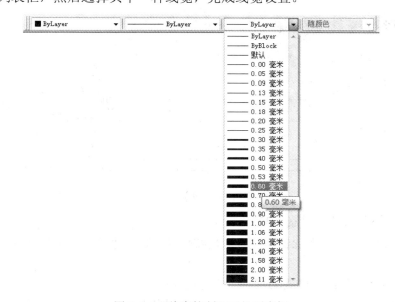

图 3-6　"线宽控制"下拉列表框

4. 图形对象特性的其他设置途径

单个图形对象特性的设置，除了采用"特性"工具栏外，还可通过"格式"菜单启动有关对话框进行设置。

(1) 颜色设置：单击菜单"格式(O)"→"颜色(C)"，出现图 3-3 所示的"选择颜色"对话框，然后选择颜色。

(2) 线型设置：单击菜单"格式(O)"→"线型(N)"，出现图 3-4 所示的"线型管理器"对话框，线型的加载和设置与 特性工具栏完全相同。

(3) 线宽设置：单击菜单"格式"→"线宽(W)"，出现图 3-7 所示的"线型管理器"对话框，可选择线宽。

图 3-7　"线宽设置"对话框

线宽被选择后，"特性"工具栏中也相应出现被选择的线宽。当然"线宽设置"对话框，还有其他功能，一是调整显示比例，二是显示线宽，三是选择图形对象的单位。

(二) 图层

1. 图层的概念

AutoCAD 中的图层相当于完全重叠在一起的一张张透明的纸，每一张纸就是一个图层，用户可根据需要，选择其中一张"纸"进行绘图，而不会受到其他"纸"上图形的影响。在绘制复杂图形的过程中，图层非常重要。在电气制图中，可将一张电气图纸的内容分解成多个部分，每个部分可选择一个图层进行绘制，这样编辑其中一个图层的内容，就不会影响到其他图层上的图形，明显提高了绘图效率。图层工具栏及说明见图 3-8。

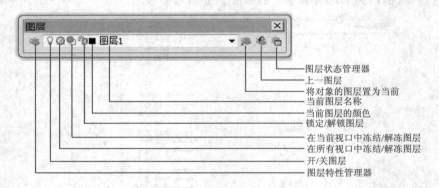

图 3-8　"图层"工具栏

2. 启动"图层特性管理器"的方式

图层的创建、修改和删除都是在"图层特性管理器"中进行，图层特性管理器的启动有以下方式：

(1) 菜单启动。单击"格式(O)"→"图层(L)…"。

(2) 图层工具栏启动。单击图层工具栏上的图层特性管理器"📚"按钮。

(3) 命令行窗口启动。在命令行窗口输入 layer 命令。

当"图层特性管理器"启动后，会出现图 3-9 所示的对话框，图中用折线和文字对有关内容进行了说明。

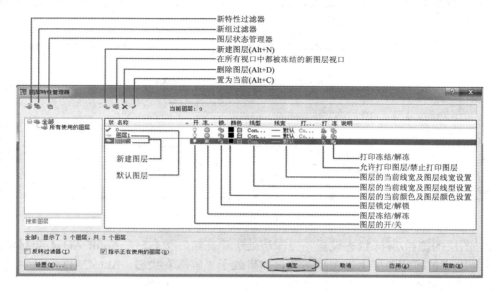

图 3-9　图层特性管理器

3. 创建图层

(1) 单击图 3-9 中的新建图层"　"按钮，创建一个默认名称为"图层 1"的图层。

(2) 在"图层"栏中的名称文本框中输入新的名称，如"辅助线"等。如果要更改以前创建的图层名称，可单击该图层并右单击，出现一个快捷菜单，选择"重新命名图层"，然后输入新的名称。

(3) 图层颜色设置。双击该图层"颜色"栏，出现如图 3-3 所示的"选择颜色"对话框，选择需要的颜色。

(4) 图层线型设置。双击该图层"线型"栏，出现如图 3-4 所示的"线型管理器"对话框，后续操作和"特性"工具栏设置线型的操作过程完全相同。

(5) 图层线宽设定。双击该图层"线宽"栏，出现如图 3-10 所示的"线宽"对话框，选择具体的线宽，然后单击"确定"按钮。

图 3-10　"线宽"对话框

> **注意**：0 图层是默认层，白色是 0 图层的默认色，在 0 图层一般不画图。0 图层是用来定义块的。定义块时，先将所有图元均设置为 0 图层(有特殊时除外)，然后再定义块，这样，在插入块时，插入时是哪个层，块就在那个层了。

4. 设置图层状态

(1) 图层的开/关状态设置。当图层处于"开"状态时，图层上的图形对象可显示和打印，如果处于"关"状态，则不能显示和打印。图层的"开/关"状态设置操作如下：

在"图层特性管理器"对话框中，单击"开"列图标，如果图标变为"💡"，表示该图层处于"开"状态，如果图标为"💡"，表示该图层状态为"关"，见图 3-11。

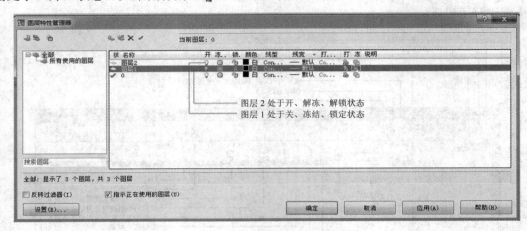

图 3-11　图层的状态

(2) 图层的冻结/解冻状态设置。当图层处于"冻结"状态时，AutoCAD 不会显示、打印或重新生成被冻结图层上的图形对象，如果处于"解冻"状态，AutoCAD 重新生成并显示解冻图层上的图形对象。图层的"冻结/解冻"状态设置操作如下：

在"图层特性管理器"对话框中，当"冻结"列的图标为"○"时，表示该图层处于解冻状态，如果为"❄"，表示该图层状态为冻结。单击"冻结"列中某图层的"冻结/解冻"图标，可实现"冻结"和"解冻"状态的转换，见图 3-11。

(3) 图层的锁定/解锁设置。当编辑某个图层上的图形对象时，为了防止对别的图层上的图形对象进行编辑，可将别的图层进行锁定，锁定的图层是不能被编辑的，但能够显示图形对象，而且颜色明显变暗，可进行对象捕捉。图层的"冻结/解冻"状态设置操作如下：

在"图层特性管理器"对话框中，当"锁定"列的图标为"🔓"时，表示该图层处于解锁状态，如果为"🔒"，表示该图层状态为锁定。单击"锁定"列中某图层的"锁定/解锁"图标，可实现"锁定"和"解锁"状态的转换，见图 3-11。

图层的状态设置也可直接在图层工具栏设置，其操作为：单击"图层工具栏"下拉列表框→选定某图层→单击💡、○、🔓等图标"，可实现状态切换。

5. 将选定的图层"置为当前"

当前图层的设置相当于在一叠有编号的透明纸中，拿出一张放在最上面，准备在该张"纸"上画图。在 AutoCAD2008 软件中，要在一个图层上画图，必须将该图层置为当前，否则会将图形画到别的图层中，具体操作为：

(1) 选定图层。用鼠标单击"图层特性管理器"需要选定的图层，被选定的图层呈现为蓝色，见图 3-11。

(2) 将选定的图层"置为当前"。单击"图层特性管理器"窗口标题栏下面的"✔"按钮，然后再单击"图层特性管理器"窗口的"确定"按钮，完成了选定图层的当前设置，如将图层 1 置为当前图层，则该图层在工具栏下拉列表框中显示出来，见图 3-12。

图 3-12 已置为当前的图层

图层"置为当前"操作也可在图层工具栏下拉列表框中进行操作，其操作为：单击"图层工具栏下拉列表框→选定某个图层"。

6. 删除图层

当某个图层不需要时，可删除。删除时，0 图层、当前图层、外部引用所在图层以及包含有对象的图层是不能被删除的，如果要删除，必须要将当前图层变为非当前图层，将图层中的图形对象包括块或者来自图标库中的图形对象全部删除。删除图层的操作为：单击"图形特性管理器"中的某个图层，然后单击"✖"按钮，再单击"图形特性管理器"中的"确定"按钮，然后观看图层工具栏，该图层从图层工具栏的下拉列表中已消失。

7. 修改图层特性

重新启动"图形特性管理器"，然后对要修改的属性进行重新选择，图层特性设置过程基本和图层的创建过程基本相同。

（三）图形对象的辅助操作

1. 对象的选择

在绘制图形的过程中常常要选取某些图形对象或图元进行编辑，被选中的图形对象以虚线和蓝色夹点(系统默认)表示，图 3-13 是一矩形图形对象被鼠标单击选择后的状态。AutoCAD 软件提供了以下几种常规选择方式：

(1) 移动鼠标到图形对象上，单击即可选择。适用于少数、分布对象的选择。

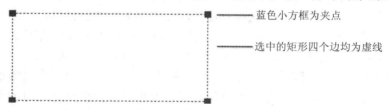

图 3-13 被选中的图形对象

(2) 单击鼠标左键，向右下角、右上角、左下角或者左上角等方向移动，均会拖曳出一个绿色的矩形选择框，将被选择的图形"框"进选择框中，然后单击鼠标左键，可实现图形的选择。当然，与选择框相交的图形，一部分在框外，也会被选择。这种方式多用于选择多个图形对象。

2. 视图的缩放和移动

为了方便绘图，经常要对绘图区域的视图进行缩放或移动，这些操作可以通过"AutoCAD 经典"工作作空间中顶部"标准工具栏"的"缩放"工具栏，或调出"缩放"工具栏来实现，如图 3-14 所示。所有的缩放命令只能改变视图的大小，不会更改视图中图形对象的真实比例(大小)、位置。

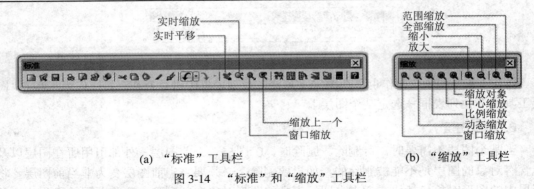

(a) "标准"工具栏　　　　　　　　　(b) "缩放"工具栏

图 3-14　　"标准"和"缩放"工具栏

绘图时常用的缩放与移动命令主要有：

(1) 实时平移命令：单击""按钮后，光标变成小手形状，按住鼠标左键移动就可以移动视图。

(2) 窗口缩放命令：单击""按钮后，用鼠标指定要查看区域的两个对角，可以快速放大该指定矩形区域。

(3) 实时放大命令：单击""后，按住鼠标左键向上或向下移动进行动态缩放。单击鼠标右键，可以显示包含其他视图选项的快捷菜单。

(4) 范围缩放命令：单击""按钮后，系统自动用尽可能大的比例来显示包含图形中的所有对象的视图。此视图包含已关闭图层上的对象，但不包含冻结图层上的对象。

> **注意**：最快捷、最简单的缩放操作就是滚动鼠标的滚轮，视图会以光标为中心缩放，顺时针滚动视图缩小，逆时针滚动视图放大。

3. 快捷菜单

选择对象后，在绘图区域单击鼠标右键可以弹出相关的快捷菜单，这个功能是系统默认的。控制在绘图区域中单击鼠标右键时，是显示快捷菜单还是执行回车键"ENTER"功能，可以单击菜单"工具(T)→选项(O)"，启动"选项"对话框，然后单击"用户系统配"选项卡，再单击"自定义右键单击"按钮，打开如图 3-15 右侧"自定义右键单击"对话框设置快捷菜单。对话框中的选项是系统默认选项，使用者可根据自己的习惯来选择相应的模式。例如在命令模式中，可选择第一项，表示每次绘图命令完成后即可单击鼠标右键确认。

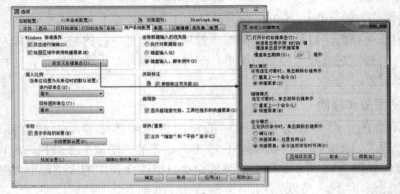

图 3-15　　"自定义右键单击"对话框

(四) 常用绘图工具栏和修改工具栏的使用

绘图工具栏提供的工具用于绘制图形对象，而修改工具栏提供的修改工具用于修改图形对象，绘图工具栏和修改工具栏分别见图 3-16 和图 3-17，两者在绘图过程中相互配合，交叉使用。

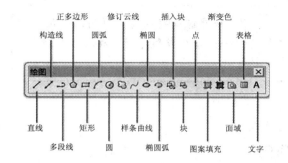

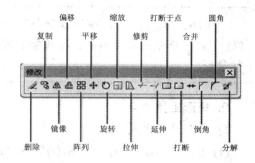

图 3-16　绘图工具栏及绘图工具　　　　　图 3-17　修改工具栏及修改工具

在本项目中，需要的绘图工具主要有直线、矩形、圆、图案填充和文字，而需要的修改工具主要有镜像、修剪、圆角和倒角。

1. 直线 "／" 工具

1) 命令启动方式

(1) 菜单启动：单击 "绘图(D)" → "直线(L)"。

(2) 绘图工具栏启动：单击直线 "／" 按钮。

(3) 命令行窗口启动：在命令行窗口输入 L(大小写均可)，或者 line。

2) 操作实例

先单击状态工具栏上的 "正交" 和 "DYN"(动态输入)等按钮，再启动直线命令，然后按照命令行窗口的提示画图。本例中画出一个长 297 mm、宽 210 mm 的矩形：

命令：_line 指定第一点：　　　　　　　　//用鼠标在绘图区合适的位置单击，确定第一点的坐标位置//

指定下一点或 [放弃(U)]：297✓　　　　//向右移动鼠标，输入长度 297 后按回车键，见图 3-18(a)//

指定下一点或 [放弃(U)]：210✓　　　　//向下移动鼠标，输入宽度 210 后按回车键，见图 3-18(b)//

指定下一点或 [闭合(C)/放弃(U)]：297✓　　//向左移动鼠标，输入长度 297 后按回车键，见图 3-18(c)//

指定下一点或 [闭合(C)/放弃(U)]：210✓　　//向上移动鼠标，输入宽度 210 后按回车键，见图 3-18(d)//

指定下一点或 [闭合(C)/放弃(U)]：c✓　　　/输入 "c" 后按回车键，见图 3-18(e)//

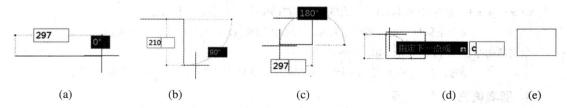

　(a)　　　　　　(b)　　　　　　(c)　　　　　　(d)　　　　　(e)

图 3-18　用直线工具绘制矩形的过程

注意：在执行 AutoCAD 命令的过程中，一般都会在命令行窗口提示中显示要执行的命令，有些命令还有许多执行选项，如使用直线命令"╱"画直线时，命令提示"[ ]"中有两个选项，即"闭合(C)"和"放弃(U)"，当需要改变命令执行的默认顺序时，可直接在命令行窗口中输入选项中的命令，如要执行"闭合(c)"，输入 c 即可。

说明：(1) 上述 AutoCAD 命令行中的"//　　//"符号仅仅起到注释说明的作用。(2) "╱"符号代表回车键，即在命令行窗口每输入一个命令或数字后，要敲回车键执行命令。

2. 矩形工具"▭"

1) 命令启动方式

(1) 菜单启动：单击"绘图(D)"→"矩形(G)"。

(2) 绘图工具栏启动：单击矩形"▭"按钮。

(3) 命令行窗口启动：在命令行窗口输入 rectang 命令。

2) 操作实例

绘制一个长 300 mm、宽 200 mm 的矩形的命令执行过程如下：

命令：_rectang　　　　　　　　　　　　　　　//启动命令//

指定第一个角点或 [倒角(C)/标高(E)/圆角(F)/厚度(T)/宽度(W)]:

　　　　　　　　　　　　　　　　　　　　//单击鼠标左键，确定矩形第一个对角点的坐标//

指定另一个角点或 [面积(A)/尺寸(D)/旋转(R)]: d╱　　//选"尺寸(D)"选项，输入 d，然后回车//

指定矩形的长度 <10.0000>: 300╱　　　　　//输入长度 300 后按回车键//

指定矩形的宽度 <10.0000>: 200╱　　　　　//输入宽度 200 后回车//

指定另一个角点或 [面积(A)/尺寸(D)/旋转(R)]: //单击鼠标左键，确定矩形另一个对角点的坐标//

3. 画圆工具"◔"

1) 命令启动方式

(1) 菜单启动：单击"绘图(D)"→"圆(C)"。

(2) 绘图工具栏启动：单击圆"◔"按钮。

(3) 命令行窗口启动：在命令行窗口输入 c，或者 circle 命令。

2) 操作实例

绘制一个半径为 60 的圆的命令执行及操作过程如下：

命令：_circle 指定圆的圆心或 [三点(3P)/两点(2P)/相切、相切、半径(T)]:

　　　　//单击鼠标左键，或者直接输入圆心的坐标(x，y)的具体数值，确定圆心的位置//

指定圆的半径或 [直径(D)] <40.0000>: 60╱

　　　　//输入半径 60 后按回车键。或者输入选项 D，用直径画圆，输入数值为 120//

4. 图案填充"▨"工具

绘制好的封闭图形，可用"图案填充"工具填充图形，特别是零件剖面中的剖面线就需要图案填充工具进行填充。

1) 命令启动方式

(1) 菜单启动：单击"绘图(D)"→"图案填充(H)"。

(2) 绘图工具栏启动：单击图案填充"▨"按钮。

(3) 命令行窗口启动：在命令行窗口输入命令 bhatch。

2) 图案填充和渐变色对话框说明

(1) "图案填充"选项卡。

"图案填充"选项卡见图 3-19(a)。此选项卡用于设置填充图案以及相关的填充参数。其中"类型和图案"选项组用于设置填充图案以及相关的填充参数，可通过该选项组确定填充类型与图案；通过"角度和比例"选项组设置填充图案时的图案旋转角度和缩放比例，"图案填充原点"选项组控制生成填充图案时的起始位置，"添加：拾取点"按钮和"添加：选择对象"用于确定填充区域。

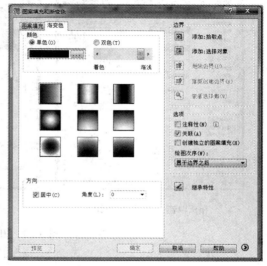

(a) "图案填充"选项卡　　　　　　　　　(b) "渐变色"选项卡

图 3-19　图案填充选项卡和渐变色选项卡

(2) "渐变色"选项卡。

"渐变色"选项卡见图 3-19(b)。该选项卡用于以渐变方式实现填充。其中，"单色"和"双色"两个单选按钮分别用于单色与双色填充。当用单色填充时，可利用位于"双色"单选按钮下方的滑块调整所填充颜色的浓淡度。当用两种颜色填充时，需选择"双色"单选按钮，位于"双色"单选按钮下方的滑块变成与其左侧相同的颜色框和按钮，用于确定另一种颜色；位于选项卡中间位置的 9 个图像按钮用于确定颜色填充方式。此外，还可以通过"角度"下拉列表框确定以渐变方式填充时的旋转角度，通过"居中"复选框指定对称的渐变配置。

3) 操作实例

对圆封闭图形用 45°剖面线进行填充的操作过程如下：

(1) 画一个半径为 80 的圆。

命令：_circle 指定圆的圆心或 [三点(3P)/两点(2P)/相切、相切、半径(T)]：

指定圆的半径或 [直径(D)] <0.0000>：80

(2) 单击绘图工具栏上的图案填充"▨"按钮，启动"图案填充和渐变色"对话框，见图 3-20(a)。

(3) 单击"图案填充和渐变色"对话框中"图案"行对应的"⋯"按钮，见图 3-20(a)。启动"填充图案选项板"对话框，单击 ANSI 选项卡并选择 ANSI 31 图案，见图 3-20(b)，单击"确定"按钮后，回到"图案填充对话框"设定填充图案的角度和比例，见图 3-20(a)。在机械制图中，剖面线的角度一般为 45 度，在该对话框中对应的值为 0，剖面线之间的间隔用"比例"来控制，比例越大，相邻两条线之间的间隔越大。

(4) 单击图 3-20(a)中边界组中的"添加：拾取"按钮，该对话框消失，回到绘图区，在圆内单击(不要在圆周上单击)，见图 3-20(c)，然后按回车键，回到图 3-20(a)所示对话框，单击"确定"按钮，完成图案填充，填充效果见图 3-20(c)。

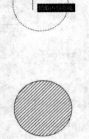

| (a) 单击"图案"按钮 | (b) 选择图案 | (c) 拾取点 |

图 3-20　图案填充过程

> **注意：** 图案能被填充的前提是被填充的图形必须是封闭的，否则无法填充。图中的椭圆形虚线框是为了内容的讲解人为画上去的，不是软件固有的东西。

5. 镜像工具"▥"

镜像工具主要用于图形的对称性复制，即对于一个上下对称，或者左右对称的图形，只需要绘制其图形的一半，而另外一半可通过镜像工具复制完成绘制，该方法可提高绘图效率。

1) 命令启动方式

(1) 工具栏启动：单击修改工具栏中的镜像"▥"按钮。

(2) 命令方式启动：在命令行窗口输入 MIRROR 命令。

(3) 菜单启动：单击"修改(N)"→"镜像(I)"。

2) 操作实例

先绘制一个矩形，再画一条垂直线，见图 3-21(a)，镜像复制矩形的操作如下：

命令：_mirror　　　　　　　　　　　　　　//启动镜像命令//

选择对象：找到 1 个　　　　　　　　　　　//单击选择矩形，见图 3-21(a)//

选择对象：　　　　　　　　　　　　//单击垂直线，确定镜像轴的第一个点，见图 3-21(b)//

指定镜像线的第一点：　指定镜像线的第二点：　//单击垂直线，确定镜像轴的第二个点//

要删除源对象吗？[是(Y)/否(N)] <N>：　　//输入 N 后按回车键，镜像后的图形见图 3-21(c)//

(a) 选择图形对象　　　　　(b) 选择镜像线　　　　(c) 镜像后的图形

图 3-21　镜像工具的使用

6. 偏移工具 "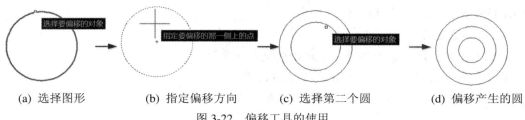"

创建同心圆、平行线、等距曲线或不等距曲线，用偏移工具非常方便，其操作的核心是立足现有图形对象，然后给定偏移的距离，就可以复制出相似或相同的图形对象。偏移操作又称为偏移复制，命令为 OFFSET。

1) 命令启动方式

(1) 工具栏启动：单击修改工具栏中的偏移 "　" 按钮。

(2) 命令方式启动：在命令行窗口输入 offset 命令。

(3) 菜单启动：单击 "修改(N)" → "偏移(S)"。

2) 操作实例

先绘制一个直径为 25 的圆，然后用偏移工具绘制等距的两个同心圆，操作如下：

命令：_offset　　　　　　　　　　　　　　//启动偏移命令//

指定偏移距离或 [通过(T)/删除(E)/图层(L)] <5.0000>：5　//输入偏移距离 5 后按回车键//

选择要偏移的对象，或[退出(E)/放弃(U)]<退出>：　　//单击圆周，见图 3-22(a)//

指定要偏移的那一侧上的点，或 [退出(E)/多个(M)/放弃(U)] <退出>：

//单击圆内测，偏移出第一个圆，见图 3-22(b)//

选择要偏移的对象，或 [退出(E)/放弃(U)] <退出>：

//单击经过偏移产生的第一个圆周，见图 3-22(c)//

指定要偏移的那一侧上的点，或 [退出(E)/多个(M)/放弃(U)] <退出>：

//单击经偏移产生的第一个圆的内测，偏移产生第二个圆，见图 3-22(d)//

选择要偏移的对象，或 [退出(E)/放弃(U)] <退出>：　　　//敲回车键退出//

(a) 选择图形　　　　(b) 指定偏移方向　　　(c) 选择第二个圆　　(d) 偏移产生的圆

图 3-22　偏移工具的使用

7. 修剪工具 "✂"

当两个图形对象相交时，如果要剪掉其中一个图形对象的一部分时，可用修剪工具进行修剪，它是一个常用的绘图工具。

1) 命令启动方式

(1) 工具栏启动：单击修改工具栏上的修剪 "✂" 按钮。

(2) 命令方式启动：在命令行窗口输入 trim 命令。

(3) 菜单启动：单击 "修改(M)" → "修剪(T)"。

2) 操作实例

先绘制一条直线，并穿过圆心，然后将圆外的直线修剪掉，具体操作如下：

命令：_trim   //启动 trim 命令//

选择对象或 <全部选择>：找到 1 个   //单击选择圆，然后右单击，见图 3-23(a)//

选择要修剪的对象，或按住 Shift 键选择要延伸的对象，或[栏选(F)/窗交(C)/投影(P)/边(E)/删除(R)/放弃(U)]：   //单击圆左侧的直线，剪掉左侧的直线，见图 3-23(b)//

选择要修剪的对象，或按住 Shift 键选择要延伸的对象，或[栏选(F)/窗交(C)/投影(P)/边(E)/删除(R)/放弃(U)]：   //单击圆右侧的直线，剪掉右侧的直线，见图 3-23(c)//

选择要修剪的对象，或按住 Shift 键选择要延伸的对象，或[栏选(F)/窗交(C)/投影(P)/边(E)/删除(R)/放弃(U)]：   //敲回车键，结束修剪//

(a) 选择圆   (b) 选择要修剪的直线   (c) 修剪后的直线

图 3-23   修剪工具的使用

如果要一次性剪掉多个图形对象，先在要剪掉的图形对象的周围用鼠标单击拖出一个矩形框，将要剪掉的对象全部框选进去后再单击。

> **注意**：当选择要剪掉的图形对象后，必须右单击。修改工具栏中的工具大多数具有选择图形对象后必须右单击或敲回车键的特点。

8. 圆角工具 "⌐"

当机械零件外表面的两个相邻平面相交时，在相交处一般不用 90° 的直角连接过渡，而是以平滑或者增加平面的形式进行过渡，以避免设备或零件在操作、安装或运输过程中带来的问题，就要用到圆角或倒角工艺。

1) 命令启动方式

(1) 工具栏启动：单击修改工具栏中的圆角 "⌐" 按钮。

(2) 命令方式启动：在命令窗口输入 fillet 命令。

(3) 菜单启动：单击 "修改(M)" → "圆角(F)"。

2) 操作实例

先在绘图区绘制一个矩形，然后进行圆角。具体操作如下：

命令：_fillet   //启动圆角命令//

当前设置：模式 = 修剪，半径 = 0.0000   //显示命令的当前设置//

选择第一个对象或 [放弃(U)/多段线(P)/半径(R)/修剪(T)/多个(M)]：r

//进行"半径"模式设置，选择"半径(R)"，输入 r//

指定圆角半径 <0.0000>：2

//输入圆角的半径为//

选择第一个对象或 [放弃(U)/多段线(P)/半径(R)/修剪(T)/多个(M)]：

             //选择矩形的第一个直角边，见图 3-24(a)//

选择第二个对象，或按住 Shift 键选择要应用角点的对象：

             //选择矩形的第二个直角边，见图 3-24(b)//

当圆角命令启动和设置完成并敲回车键后，鼠标形状变成"□"形状，意味着选择状态，先选择矩形的一个直角的直角边，然后再选择第二个直角边，这样就完成了圆角的命令执行过程，具体过程见图 3-24。

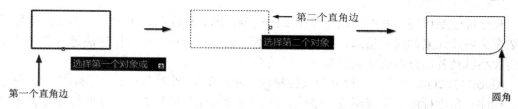

图 3-24　将矩形的直角变成圆角

9. 倒角工具 "⌐"

倒角是机械加工中常用的工艺，应用倒角工具时，必须指明倒角的距离。按照 AutoCAD 倒角命令的执行次序，有第一倒角距离和第二倒角距离。从图 3-25 看出倒角实际是一个直角三角形的斜边，两个直角边的边长就是倒角距离，一般情况下，两个倒角距离是相同的，即倒角是 45°，如果需要其他角度的倒角，只要改变两个倒角距离即可。

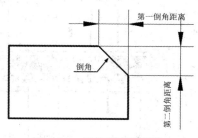

图 3-25　倒角距离及倒角

1) 命令启动方式

(1) 工具栏启动：单击修改工具栏中的"⌐"按钮。

(2) 命令方式启动：在命令窗口输入 chamfer 命令。

(3) 菜单启动：单击"修改(M)"→"倒角(C)"。

2) 操作实例

先在绘图区绘制一个矩形，然后进行倒角。具体操作如下：

命令：_chamfer   //启动倒角命令//

("修剪"模式) 当前倒角距离 1 = 0.0000，距离 2 = 0.0000   //显示命令的设置状态//

选择第一条直线或 [放弃(U)/多段线(P)/距离(D)/角度(A)/修剪(T)/方式(E)/多个(M)]：d

//选择"距离(D)"，即直接输入 d，回车//

指定第一个倒角距离 <1.0000>: 2 　　　　　　　　　　　//输入第一倒角距离为 2//

指定第二个倒角距离 <1.0000>: 2 　　　　　　　　　　　//输入第二倒角距离为 2//

当倒角命令启动和设置完成并敲回车键后，鼠标形状变成"□"的形状，意味着选择状态，先选择矩形的第一个直角边，然后再选择第二个直角边，这样就完成了矩形直角的倒角命令的操作过程，具体过程见图 3-26。

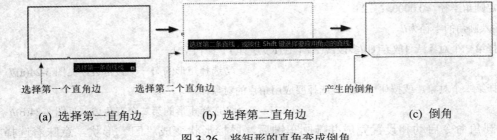

(a) 选择第一直角边　　　　　(b) 选择第二直角边　　　　　(c) 倒角

图 3-26　将矩形的直角变成倒角

(五) 尺寸标注

尺寸标注是机械制图中一项十分重要的内容，因为标注图形中的数字和其他符号可以表达有关设计元素的尺寸信息，对施工或制造工艺进行注解。尺寸标注决定着图形对象的真实大小以及各部分对象之间的相互位置关系。

AutoCAD 2008 尺寸标注可分为线性标注、对齐标注、半径标注、直径标注、弧长标注、折弯标注、角度标注、引线标注、基线标注、连续标注等多种类型。这些标注都有相应的标注工具，标注工具栏及其标注工具见图 3-27。

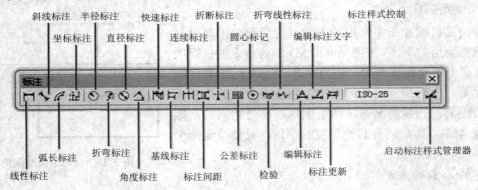

图 3-27　标注工具栏及标注工具

1. 尺寸标注的组成

一个完整的尺寸一般由尺寸线、尺寸界线、尺寸数字和尺寸箭头四部分组成，见图 3-28。

(1) 尺寸线。尺寸线表示尺寸标注的范围，通常是带有箭头且平行于被标注对象的单线段。标注文字沿尺寸线放置。对于角度标注，尺寸线是一段圆弧。

(2) 尺寸界限线。尺寸界限线表示尺寸线的开始和结束。通常从被标注对象延长至尺寸线，一般与尺寸线垂直。有些情况下，也可以选用某些图形对象的轮廓线或中心线代替尺寸界限线。

(3) 尺寸箭头。尺寸箭头在尺寸线的两端，用于标记尺寸标注的起始和终止位置。AutoCAD 提供了多种形式的尺寸箭头，包括建筑标记、小斜线箭头、点和斜杠标记。读者也可以根据绘图需要创建自己的箭头形式。

(4) 尺寸数字。尺寸数字用于表示实际测量值。可以使用由 AutoCAD 自动计算出的测量值提供自定义的文字或完全不用文字。如果使用生成的文字，则可以附加"加／减公差、前缀和后缀"。在 AutoCAD 中，通常将尺寸的各个组成部分作为块处理，因此，在绘图过程中，一个尺寸标注就是一个对象。

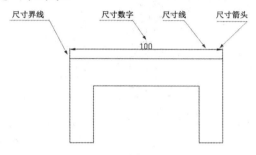

图 3-28　尺寸标注的组成

2. 标注样式管理器

缺省情况下，在 AutoCAD 中创建尺寸标注时使用的尺寸标注样式是"ISO-25"，用户可以根据需要创建新的尺寸标注样式。标注图形的尺寸时，首先要创建标注样式。

1) 启动"标注样式管理器"的方式

(1) 工具栏启动：单击标注工具栏中的标注样式 "⊿" 按钮。

(2) 命令方式启动：在命令窗口输入 dimstyle 命令。

(3) 菜单启动：单击"标注(N)"→"标注样式(D)"。

2) "标注样式管理器"对话框说明

启动后的"标注样式管理器"对话框见图 3-29，对话框的主要内容说明如下。

(1) "样式"选项：显示当前图形文件中已定义的所有尺寸标注样式。

(2) "预览"选项：显示当前尺寸标注样式设置的各种特征参数的最终效果图。

(3) "列出"选项：用于控制在当前图形文件中是否全部显示所有的尺寸标注样式。

(4) "置为当前"按钮：用于设置当前标注样式。对每一种新建立的标注样式或原样式修改后，均要设置为置为当前才有效。

(5) "新建"按钮：用于创建新的标注样式。

(6) "修改"按钮：用于修改已有标注样式中的组成尺寸标注要素的样式。

3. "新建标注样式"对话框

1) 启动"新建标注样式"对话框的方式

(1) 单击图 3-29 中"标注样式管理器"上的"新建"按钮，启动"创建新标注样式"对话框(见图 3-29)。

(2) 在"创建新标注样式"对话框的"新样式名(N)"文本框中输入样式名称，如输入

"尺寸标注"。

（3）单击"创建新标注样式"对话框上的"继续"按钮，就可启动"新建标注样式"对话框，见图 3-30。

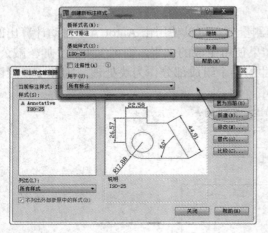

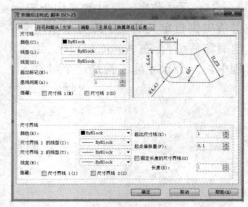

图 3-29　"标注样式管理器"与"创建新标注样式"对话框　　　　图 3-30　"线"选项卡

2) "新建标注样式"对话框说明

"新建标注样式"对话框有线、符号和箭头、文字、调整、主单位、换算单位和公差等 7 个选项卡，现分别说明如下。

（1）"线"选项卡：在"线"选项卡中，可以对尺寸线、尺寸界线进行设置，见图 3-30。"尺寸线"选项组用于设置尺寸线的颜色、线型、线宽、基线间距等主要设置项，其中"基线间距"选项决定平行尺寸线间的距离，如创建基线型尺寸标注时，相邻尺寸线间的距离由该选项控制，含义见图 3-31(a)。"尺寸界线"选项组用于设置尺寸界线的颜色、线型、线宽、超出尺寸线和起点偏移量等。其中"超出尺寸线"用于控制尺寸界线超出尺寸线的距离，含义见图 3-31(b)；"起点偏移量"用于设置图形中定义的标注点到尺寸界线的偏移距离，含义见图 3-31(b)。

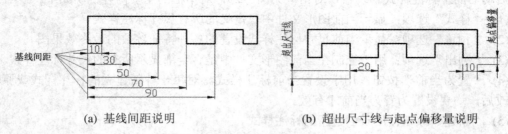

(a) 基线间距说明　　　　　　　　　　(b) 超出尺寸线与起点偏移量说明

图 3-31　基线间距、超出尺寸线和起点偏移量说明

（2）"符号和箭头"选项卡："符号和箭头"选项卡用于设置尺寸箭头、圆心标记、弧长符号以及半径折弯标注等方面的标注格式。"箭头"选项组用于确定尺寸线两端的箭头样式，"圆心标记"选项组用于确定当对圆或圆弧执行标注圆心标记操作时，圆心标记的类型与大小。"折断标注"选项组确定在尺寸线或延伸线与其他线重叠处打断尺寸线或延伸线时的尺寸。"弧长符号"选项用于为圆弧标注长度尺寸时的设置。"半径标注折弯"选项设置

通常用于标注尺寸的圆弧中心点位于较远位置时半径尺寸的标注。"线性折弯标注"选项用于线性折弯标注设置。"符号和箭头"选项卡见图 3-32。

(3) "文字"选项卡：用于设置尺寸文字的外观、大小、位置以及对齐方式等。"文字外观"选项组用于设置尺寸文字的样式等，"文字位置"选项组用于设置尺寸文字的位置，"文字对齐"选项组则用于确定尺寸文字的对齐方式，"文字"选项卡见图 3-33。

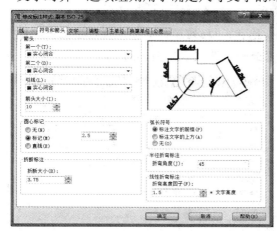

图 3-32 "符号和箭头"选项卡

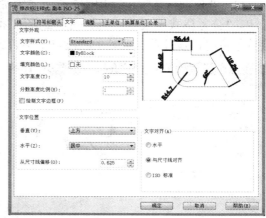

图 3-33 "文字"选项卡

(4) "调整"选项卡：用于控制尺寸文字、尺寸线以及尺寸箭头的位置和其他一些特征。"调整选项"选项组确定当尺寸界线之间没有足够的空间放置尺寸文字和箭头时，应首先从尺寸界线之间移出尺寸文字和箭头的那一部分，用户可通过该选项组中的各单选按钮进行选择。"文字位置"选项组确定当尺寸文字不在默认位置时，应将其放在何处。"标注特征比例"选项组用于设置所标注尺寸的缩放关系。"优化"选项组用于设置标注尺寸时是否进行附加调整，"调整"选项卡见图 3-34。

(5) "主单位"选项卡：用于设置主单位的格式、精度以及尺寸文字的前缀和后缀。"线性标注"选项组用于设置线性标注的格式与精度；"角度标注"选项组确定标注角度尺寸时的单位、精度以及消零否，"主单位"选项卡见图 3-35。

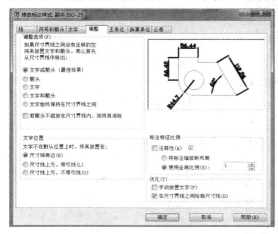

图 3-34 "调整"选项卡

图 3-35 "主单位"选项卡

(6) "换算单位"选项卡：用于确定是否使用换算单位以及换算单位的格式，见图 3-36。"显示换算单位"复选框用于确定是否在标注的尺寸中显示换算单位。"换算单位"选项组确定换算单位的单位格式、精度等设置。"消零"选项组确定是否消除换算单位中的前导或后续零。"位置"选项组则用于确定换算单位的位置。用户可在"主值后"与"主值下"之间选择。

(7) "公差"选项卡：用于确定是否标注公差，如进行公差标注以及以何种方式进行标注。"公差格式"选项组用于确定公差的标注格式。"换算单位公差"选项组确定当标注换算单位时，换算单位公差的精度与消零否。"公差"选项卡见图 3-37。

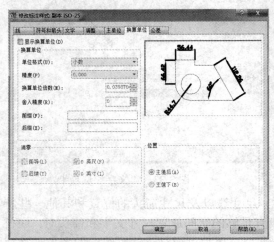

图 3-36 "换算单位"选项卡

图 3-37 "公差"选项卡

4. 尺寸标注工具

使用尺寸标注工具时，如果工具栏中没有标注工具栏，可将鼠标置于水平放置的工具栏上，右单击鼠标，这样会出现一个下拉式菜单，然后选中"ACAD"子菜单，"ACAD"子菜单出现后，选中标注工具栏，则标注工具栏被加载到绘图区中。在使用标注工具进行标注时，还要启动对象捕捉命令。

1) 线性标注"├┤"工具

"线性标注"用以标注图形对象在水平方向、垂直方向或指定方向的尺寸。单击标注工具栏上的"├┤"按钮(当然也可以从绘图菜单启动，或者在命令行窗口输入 dimlinear 命令)，可启动线性标注工具，线性标注实例操作如下：

命令：_dimlinear   //启动线性标注命令//

指定第一条尺寸界线原点或 <选择对象>：

//单击图 3-38(a)所示左侧垂直线的上端点，确定该点为第一条尺寸界线的起始点//

指定第二条尺寸界线原点：

//单击图 3-38(b)所示左侧垂直线的下端点，确定该点为第二条尺寸界线的的起始点//

指定尺寸线位置或[多行文字(M)/文字(T)/角度(A)/水平(H)/垂直(V)/旋转(R)]：

//移动鼠标，确定尺寸线的位置后单击，见图 3-38(c)//

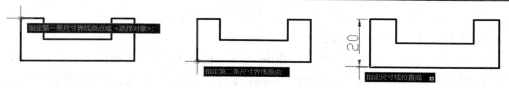

(a) 指定第一条尺寸界线原点　　(b) 指定第二条尺寸界线的原点　　(c) 指定尺寸线的位置

图 3-38　"线性标注"工具的使用

2) 对齐标注"⟋"工具

"对齐标注"指所标注尺寸的尺寸线与两条尺寸界线起始点间的连线平行，一般用于标注斜直线。单击标注工具栏上的图标"⟋"按钮可启动"对齐标注"命令(当然也可以从绘图菜单启动，或者在命令行窗口输入 dimaligned 命令)，对齐标注实例操作如下：

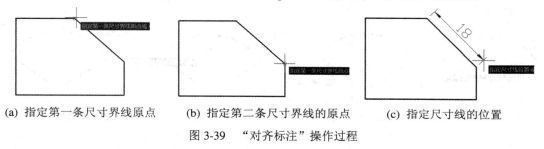

(a) 指定第一条尺寸界线原点　　(b) 指定第二条尺寸界线的原点　　(c) 指定尺寸线的位置

图 3-39　"对齐标注"操作过程

命令：_dimaligned　　　　　　　　　　　　　　　　　//启动对齐标注命令//

指定第一条尺寸界线原点或 <选择对象>：

//单击图 3-39(a)所示直线的上端点，确定第一条尺寸界线的起始点//

指定第二条尺寸界线原点：

　　　　　　　　　　//单击图 3-39(b)所示直线的下端点，确定第二条尺寸界线的起始点//

指定尺寸线位置或[多行文字(M)/文字(T)/角度(A)]：

//移动鼠标，确定尺寸线的位置后单击，见图 3-39(c)//

3) 半径标注"◐"工具和直径标注"◑"工具

半径标注和直径标注工具用于标注圆或圆弧半径尺寸或直径尺寸。单击标注工具栏上的"◐"按钮或"◑"按钮，可启动"半径"标注命令和"直径"标注命令。"半径"标注实例操作如下：

命令：_dimradius　　　　　　　　　　　　　　　　//启动半径标注命令//

选择圆弧或圆：　　　　　　　　　　　　　　　　//单击被标注的圆周，见图 3-40(a)//

指定尺寸线位置或 [多行文字(M)/文字(T)/角度(A)]：

//将鼠标移动到圆外单击，尺寸数字标在圆外。将鼠标移到圆内单击，尺寸数字标在圆内，见图 3-40(b)//

(a) 选择圆周　　　　(b) 指定尺寸线的位置　　(c) 标注的半径

图 3-40　半径标注过程

"直径"标注工具和"半径"标注工具使用方法相同。

4) 角度标注工具"△"

角度标注工具用于标注角度尺寸，命令为 dimangular。单击"标注"工具栏上的角度 "△"按钮，即执行 dimangular 命令。如标注圆弧的圆心角的角度值，标注的操作过程 如下：

命令：_dimangular　　　　　　　　　　　　　　　//启动角度标注命令//

选择圆弧、圆、直线或 <指定顶点>：　　　　　　　//选择第一条直线，见图 3-41(a)//

选择第二条直线：　　　　　　　　　　　　　　　//选择第二条直线，图 3-41(b)//

指定标注弧线位置或 [多行文字(M)/文字(T)/角度(A)/象限点(Q)]：

//单击确定尺寸线的位置，见图 3-41(c)//

标注文字 ＝ 112

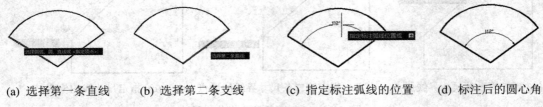

　(a) 选择第一条直线　　　(b) 选择第二条支线　　　(c) 指定标注弧线的位置　　　(d) 标注后的圆心角

图 3-41　角度标注

5) 连续标注"╟╢"工具

连续标注是指在标注出的尺寸中，相邻两尺寸线共用同一条尺寸界线，命令为 DIMCONTINUE，单击标注工具栏中的"╟╢"按钮，即可启动连续标注命令。在图 3-42(d) 中，尺寸为"25"的标注尺寸线与尺寸为"30"的尺寸线共用一条尺寸界线。对图 3-42(a) 的图形进行连续标注的操作过程如下：

(1) 启动线性"╟┐"标注工具，先标注最左侧图形的水平部分尺寸(尺寸为 30)，见图 3-43(a)。

(2) 启动连续"╟╢"标注工具，选择已存在的尺寸标注对象(尺寸为 30)，见图 3-42(b)。

(3) 向右移动鼠标，确定第二条尺寸界线的原点(待标尺寸为 25)，见图 3-42(c)。

(4) 向右移动鼠标，依次确定每部分图形的第二条尺寸界线，标注后的图形见图 3-42(d)。

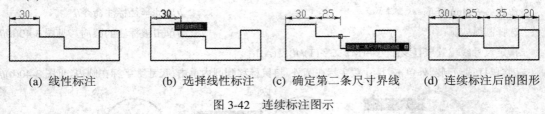

　(a) 线性标注　　　　(b) 选择线性标注　　　(c) 确定第二条尺寸界线　　　(d) 连续标注后的图形

图 3-42　连续标注图示

6) 基线标注"╠┐"工具

基线标注是指各尺寸线从同一条尺寸界线处引出，命令为 DIMBASELINE。单击标注 工具栏上的基线标注"╠┐"按钮，即执行 DIMBASELINE 命令。基线标注的过程基本和连 续标注相同，但要注意基线间距的设定，否则各尺寸线会靠得很近。

其他标注工具用户可通过自学的方式掌握。

5. 标注尺寸公差

AutoCAD 2008 提供了标注尺寸公差的多种方法。例如，在前面介绍过的"公差"选项卡中，用户可以通过"公差格式"选项组确定公差的标注格式，如确定以何种方式标注公差以及设置尺寸公差的精度、设置上偏差和下偏差等。通过设置后的"公差"选项卡进行尺寸标注，就可以标注出对应的公差。

1) 标注极限公差和对称公差

在机械加工中，一个尺寸允许的误差上界和下界，称为极限公差。如圆的设计尺寸为 60，如果机械加工的公差上界为 0.02，公差的下界为 –0.01，可表示为 $60^{0.02}_{-0.01}$，如果公差的绝对值都为 0.02，则可表示为 60 ± 0.02，这就是对称公差。在图 3-37 的公差选项卡的"方式"下拉列表框中，选择"极限偏差"选项，并且在"上偏差"文本框中输入 0.02，在下偏差文本框中输入 0.01。如果是对称偏差，则在图 3-37 的公差选项卡的"方式"下拉列表框中，选择"对称"选项，并且在"上偏差"文本框中输入 0.02，而"下偏差"文本框中禁止输入。

2) 标注形位公差

AutoCAD 2008 用户可以方便地为图形标注形位公差。用于标注形位公差的命令是 TOLERANCE，利用标注工具栏上的"⊕1"按钮可启动该命令。"形位公差"对话框见图 3-43 所示。

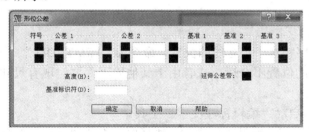

图 3-43　"形位公差"对话框　　　　图 3-44　"特征符号"对话框

其中，"符号"选项组用于确定形位公差的符号。单击其中的黑色小方框，就会启动如图 3-44 所示的"特征符号"对话框，用户可从该对话框中单击选择所需要的符号。"公差 1"、"公差 2"选项组用于输入形位公差的具体数值，用户应在对应的文本框中输入公差值。此外，可通过单击位于文本框前边的黑色小方框确定是否在该公差值前加直径符号。"基准 1"、"基准 2"、"基准 3"选项组用于确定基准和对应的包容条件。通过"形位公差"对话框确定要标注的内容后，单击对话框中的"确定"按钮，切换到绘图屏幕，就会提示"输入公差位置"，在该提示下确定标注公差的位置即可。

6. 编辑尺寸

1) 编辑标注"A"工具

该工具用于修改已标注的尺寸文字。当一个尺寸被标注后发现尺寸数值有错误，或者不合适，或者由于其他原因而要对现有尺寸上的数字重新标注。具体操作为：

(1) 单击标注工具栏上的"A"按钮启动"编辑标注"工具。

(2) 出现"输入标注编辑类型"弹出式菜单后，选择"新建"子菜单(见图 3-45)。

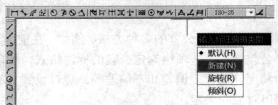

图 3-45 "输入标注编辑类型"弹出式菜单

(3) 弹出"文字格式"对话框(见图 3-46)后，可对已标注文字进行编辑。图中"文字格式"对话框下面有一个比较小的文字编辑框，用于输入新的尺寸数字。用鼠标单击"尺寸文字编辑文本框"，将文本框中的"0"选中后删除，再输入新的尺寸数字，然后单击"文字格式"对话框中的"确定"按钮，见图 3-46。

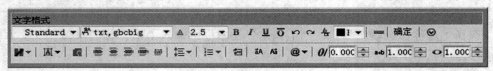

尺寸数字输入文本框

图 3-46 "文字格式"对话框

(4) 选择要修改的标注对象的尺寸数字。直接单击要修改的尺寸数字，这样就修改了尺寸数字。

2) 编辑标注文字"⊿"工具

该工具用于修改已标注的尺寸文字相对于尺寸线的位置，命令为"DIMTEDIT"。当一个尺寸被标注后发现数字相对尺寸线的位置不合适，或者由于其他原因而要对现有尺寸上的数字位置重新调整时，具体操作为：

(1) 单击标注工具栏上的"⊿"，启动"编辑标注文字"工具。

(2) 命令启动后，鼠标形状变为"□"，处于选择状态。选择要调整位置的标注对象尺寸数字，最后用鼠标单击确定位置，完成修改。

🔑 项目实施

(一) 箱盖零件图识图

图 3-1 所示的箱盖零件图，由图框与标题栏、技术要求、零件视图和标注等部分组成。零件视图有主视图和俯视图，主视图还采用了局部剖视的方式展现零件结构，从俯视图和主视图上可看出，该箱盖中心孔带有螺纹，还有四个定位孔对称地分布在箱盖的平面上。按照机械零件制图"高平齐、长对正、宽相等"的要求，找出零件各部分尺寸。

(二) 绘制箱盖零件图

1. 创建绘图文件

(1) 在硬盘目录"E:"中创建一名称为"箱盖零件图"文件夹。

(2) 创建绘图文件：依次单击"文件(F)→新建(N...)"菜单，启动"选择样板"对话框，选择"acadiso.dwt"类型，创建一个名称为"Drawing1.dwg"的文件。

(3) 另存文件：依次单击"文件(F)"→"另存为(A)..."菜单，启动"图形另存为"对话框，然后单击"保存于"下拉列表框，选择硬盘根目录，打开"箱盖零件图"文件夹，在"图形另存为"对话框"文件名："后的文本框中输入文件名"箱盖零件"，单击"保存"按钮，即完成了文件创建。

2. 设置绘图环境

绘图环境的设置见项目二有关内容，主要设置内容为：图形单位、绘图极限和绘图区的颜色、草图设置等。

3. 确定图纸的幅面

箱盖零件的主视图长为 106 mm，高为 12 mm，俯视图宽为 60 mm。如果考虑标注和标题栏(30～40 mm)等图形占用的尺寸，该零件应该选用 A4(297×210)幅面的图纸进行绘制，图纸应该横向放置，即长边向下，短边向上。

4. 创建图层

根据识图结果，该零件图纸由图框与标题栏、零件视图(2 个)、尺寸标注和技术说明等 5 部分组成，可创建 5 个基本图层，为便于绘图，还要创建一个辅助线图层，其具体操作为：

(1) 单击图层工具栏上的"▦"按钮，启动"图层特性管理器"，见图 3-47。

(2) 单击"新建图层"按钮"▦"，创建一个名称为"图层 1"的图层，输入图层名称为"图框与标题栏"。同理可创建"主视图"、"俯视图"、"尺寸标注"、"辅助线"和"技术要求"等图层，具体见图 3-47。

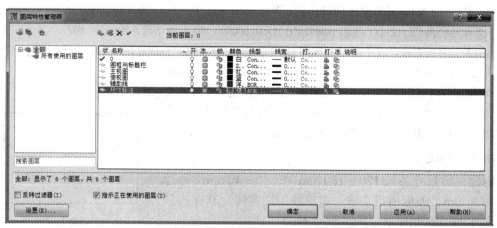

图 3-47 箱盖零件图图层创建

(3) 设置图层特性。"图框与标题栏"图层的设置。图框线分内边框和外边框，内边框为粗实线，宽度设置为 0.5 mm，外边框线的宽度小于 0.3 mm 就可以了，标题栏的外框线线宽设置为 0.5 mm，线型统一设置为"continuous"，即连续线。背景色为白色，图形线条颜色为黑色，见图 3-47。

"主视图"、俯视图"图层的线型设置为"continuous"，即连续线，线宽设置为 0.4 mm，颜色分别设置为红色、蓝色，见图 3-47。

"尺寸标注"图层的线型为连续线，线宽小于 0.3mm，颜色为绿色，见图 3-47。

"辅助线"图层的线型为点画线(线型为 BORDER2)，线宽选 0.2mm，颜色为洋红色，见图 3-47。

5. 绘制图框

(1) 将"图框与标题栏"图层置为当前。操作方法为：单击"图层"工具栏的下拉列表框，从列表中单击"图框与标题栏"，这样就将该图层置为当前的了，见图 3-48。

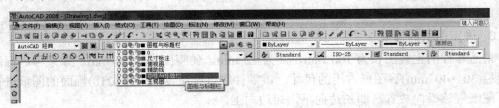

图 3-48　将图层置为当前的操作

(2) 绘制外边框。单击绘图工具栏上的"□"按钮，启动矩形工具(或者在命令窗口输入 rectang 命令)，然后按照命令行窗口的提示依次进行以下操作：

指定第一个角点或 [倒角(C)/标高(E)/圆角(F)/厚度(T)/宽度(W)]：

指定另一个角点或 [面积(A)/尺寸(D)/旋转(R)]：d

指定矩形的长度 <10.0000>：297

指定矩形的宽度 <10.0000>：210

(3) 绘制内边框。单击修改工具栏上的偏移"⬚"按钮，启动偏移工具(或者在命令窗口输入 offset 命令)，绘制内边框过程如下：

指定偏移距离或 [通过(T)/删除(E)/图层(L)] <10.0000>：10　　　　//输入 10 后回车//

选择要偏移的对象，或 [退出(E)/放弃(U)] <退出>：　　　//将鼠标放置在矩形边框线上，选择矩形//

指定要偏移的那一侧上的点，或 [退出(E)/多个(M)/放弃(U)] <退出>：

//将鼠标移动到外边框内某空白处单击鼠标，然后按回车键确定，见图 3-48//

(4) 修改线宽。单击外边框，再单击"特性"工具栏"线宽控制"下拉列表框，选择线宽为 0.2 mm，见图 3-48。

6. 绘制标题栏

标题栏的尺寸为长 120～180 mm，宽 30～40 mm，每行高度为 8 mm。外框用粗实线，内框线用细实线，其样式参考见图 3-49，绘制标题栏的过程如下：

图 3-48　图框

(1) 将"图框与标题栏"图层置为当前。

(2) 状态工具栏设置。依次打开"正交"、"对象捕捉"和"DYN("即动态输入)等状态栏按钮。

(3) 绘制标题栏外框线。单击绘图工具栏上的直线"╱"工具，或者直接在命令窗口输入 L，即 line。绘制标题栏的命令操作如下：

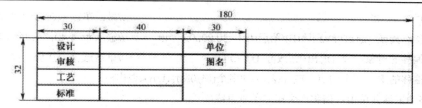

图 3-49 标题栏

命令： _line 指定第一点：

//启动画线命令，将鼠标指针放在图框内边框左下角点，捕捉到交点后单击该角点//

指定下一点或 [放弃(U)]：180　　　　　//鼠标左移，输入长度为180mm，从右至左画线，按回车键//

指定下一点或 [放弃(U)]：32　　　　　//鼠标上移，输入长度为32mm，从下至上画线，按回车键//

指定下一点或 [闭合(C)/放弃(U)]：180

//鼠标右移，输入长度为180mm，从左至右画线，按回车键//

指定下一点或 [闭合(C)/放弃(U)]：　　　//选择"C"，按回车键。或者连续敲击回车键//

上述命令用于绘制标题栏的外边框，见图 3-50(a)。

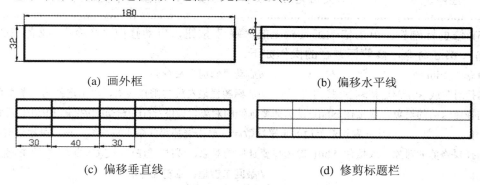

(a) 画外框　　　　　　　　　　　　　　　　(b) 偏移水平线

(c) 偏移垂直线　　　　　　　　　　　　　　(d) 修剪标题栏

图 3-50 绘制标题栏

(4) 绘制标题栏内框线。标题栏内框的绘制操作过程见图 3-50(b)和 3-50(c)，其中水平线的偏移可从标题栏外边框水平线开始偏移，间距为 8；垂直线从标题栏外框的垂直线开始偏移，每次偏移的间距为 30、40 和 30。

单击修改工具栏上的"⬛"按钮，或者在命令行窗口输入 offset 命令，启动偏移命令。下面是标题栏内框垂直线的偏移过程，水平线的偏移过程与垂直线偏移命令执行过程基本相似，不再叙述。

命令：

OFFSET　　　　　　　　　　　　　　　　　　　　　　　　//启动偏移命令//

指定偏移距离或 [通过(T)/删除(E)/图层(L)] <0.0000>：30　　　　　//输入距离 30，敲回车键//

选择要偏移的对象，或 [退出(E)/放弃(U)] <退出>：　//单击图 3-50(a)外边框线左边的垂直线//

指定要偏移的那一侧上的点，或 [退出(E)/多个(M)/放弃(U)] <退出>：

//向右移动鼠标并单击，偏移第一条垂直线//

选择要偏移的对象，或 [退出(E)/放弃(U)] <退出>：　　　　　　　//敲回车键退出偏移命令//

命令：

OFFSET　　　　　　　　　　　　　　　　　　　　　//敲回车键重新启动"偏移"命令//

指定偏移距离或 [通过(T)/删除(E)/图层(L)] <30.0000>: 40　　　//输入距离 40, 敲回车键//

选择要偏移的对象, 或 [退出(E)/放弃(U)] <退出>:　　　　　//单击选择上次偏移产生的垂直线//

指定要偏移的那一侧上的点, 或 [退出(E)/多个(M)/放弃(U)] <退出>:

//向右移动鼠标并单击, 偏移产生第二条垂直线//

选择要偏移的对象, 或 [退出(E)/放弃(U)] <退出>:　　　　　　//敲回车键退出偏移命令//

命令:

OFFSET　　　　　　　　　　　　　　　　　　　　　//敲回车键重新启动"偏移"命令//

指定偏移距离或 [通过(T)/删除(E)/图层(L)] <40.0000>: 30　　　//输入距离 30, 敲回车键//

选择要偏移的对象, 或 [退出(E)/放弃(U)] <退出>:　　　　　　//单击上次偏移产生的垂直线//

指定要偏移的那一侧上的点, 或 [退出(E)/多个(M)/放弃(U)] <退出>:

//向右移动鼠标并单击, 偏移产生第三条垂直线//

选择要偏移的对象, 或 [退出(E)/放弃(U)] <退出>:　　　　　　//敲回车键退出偏移命令//

> **注意**: 当一个命令刚使用完后需要再次启动时, 可按回车键进行启动。

(5) 修剪标题栏。单击修改工具栏上的"─/─"按钮, 启动修剪"命令", 或者在命令行窗口输入 trim 命令, 修剪标题栏的操作如下:

命令: _trim　　　　　　　　　//启动"修剪"命令//

选择对象或 <全部选择>: 　找到 1 个　　//从标题栏最左边的垂直线数, 单击选择第三条垂直线//

选择要修剪的对象, 或按住 Shift 键选择要延伸的对象, 或[栏选(F)/窗交(C)/投影(P)/边(E)/删除(R)/放弃(U)]:　　　　　//从标题栏最上边的水平线数起, 单击选择第四条水平直线, 该线段被修剪//

选择要修剪的对象, 或按住 Shift 键选择要延伸的对象, 或[栏选(F)/窗交(C)/投影(P)/边(E)/删除(R)/放弃(U)]:　　　　　//敲回车键退出修剪命令//

命令:

TRIM　　　　　　　　　　　　//敲回车键重新启动"修剪"命令//

选择对象或 <全部选择>: 找到1个　　//从标题栏最上面的水平线向下数, 单击选择第三条水平线//

选择要修剪的对象, 或按住 Shift 键选择要延伸的对象, 或[栏选(F)/窗交(C)/投影(P)/边(E)/删除(R)/放弃(U)]:　　　　　//从标题栏最左面的垂直线向右数, 单击选择第四条垂直线, 剪掉该段垂直线//

选择要修剪的对象, 或按住 Shift 键选择要延伸的对象, 或[栏选(F)/窗交(C)/投影(P)/边(E)/删除(R)/放弃(U)]:　　　　　//敲回车键退出"修剪"命令//

标题栏被修剪后, 将标题栏内框线的线宽修改为 0.2mm, 绘制的标题栏见图 3-50(d)。

> **注意**: 使用修剪命令时, 选择完对象后, 必须右单击或者按回车键, 修剪才起作用。

7. 视图的基本布局

(1) 单击"图层"工具栏的下拉列表框, 选择"辅助线"图层, 将"辅助线"图层置为当前。

(2) 单击绘图工具栏上的直线"╱"按钮, 绘制如图 3-51 所示的辅助线, 初步确定主视图和俯视图绘图区域，完成视图的基本布局。

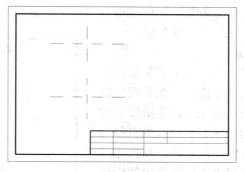

图 3-51　视图的基本布局

8. 绘制视图

按照三视图"长对正、高平齐、宽相等"的要求，找出主视图和俯视图对应的尺寸。由于箱盖零件图具有左右对称的特点，可先画出一半图形，然后用镜像的方法画出另外一半图形。

1) 用辅助线对图形主要部位进行定位

从主视图和俯视图上可看出，箱盖的长度为 106 mm，宽度为 60 mm，两个定位孔中心距离为 84 mm，箱盖底部留有空腔，从箱盖的底部往上看，这个空腔的投影是一个长方形。从主视图可看出该长方形的长为 50 mm，从俯视图上看其宽度为 38 mm，从空间角度看，这个空腔是一个长方体，高度为 2 mm。箱盖的中心螺孔外径为 22 mm，内径为 10 mm，高出箱盖上表面 2 mm。需要画定位辅助线的部位有：箱盖的长度边界、定位孔中心线等。单击修改工具栏上的偏移"⚐"按钮，对图形主要部位进行定位，操作如下：

(1) 主视图主要部位定位。

命令：_offset　　　　　　　　　　　　　　　//启动偏移命令，定位箱盖的左右位置//

指定偏移距离或 [通过(T)/删除(E)/图层(L)] <0.0000>：53　　//输入箱盖长度的一半(53)//

选择要偏移的对象，或 [退出(E)/放弃(U)] <退出>：　　　//单击选择图 3-51 主视图垂直辅助线//

指定要偏移的那一侧上的点，或 [退出(E)/多个(M)/放弃(U)] <退出>：

//向右移鼠标动并单击//

选择要偏移的对象，或 [退出(E)/放弃(U)] <退出>：　　　//单击选择图 3-51 主视图垂直辅助线//

指定要偏移的那一侧上的点，或 [退出(E)/多个(M)/放弃(U)] <退出>：

//向左移动鼠标并单击//

选择要偏移的对象，或 [退出(E)/放弃(U)] <退出>：　　　//敲回车键退出偏移命令//

命令：_offset　　　　　　　　　　　//启动偏移命令，偏移两个定位孔的定位线//

指定偏移距离或 [通过(T)/删除(E)/图层(L)] <53.0000>：42

//输入两个定位孔长度方向上的中心距离的一半(42)//

选择要偏移的对象，或 [退出(E)/放弃(U)] <退出>：　　　//选择图 3-51 主视图垂直辅助线//

指定要偏移的那一侧上的点，或 [退出(E)/多个(M)/放弃(U)] <退出>：

//向右移动鼠标后单击//

选择要偏移的对象，或 [退出(E)/放弃(U)] <退出>：　　　//选择图 3-51 主视图垂直辅助线//

指定要偏移的那一侧上的点，或[退出(E)/多个(M)/放弃(U)]<退出>：　　//向左移动鼠标后单击//

选择要偏移的对象，或 [退出(E)/放弃(U)] <退出>：　　　　　　　//敲回车键退出偏移命令//

主视图主要部位定位辅助线见图 3-52。

(2) 俯视图主要部位定位。

　　箱盖的俯视图需要定位的部位主要是箱盖边界、四个定位孔中心线的具体位置。在长度方向上的两个定位孔中心距离为 84 mm，在宽度方向上的两个孔中心距离为 38 mm，定位孔的直径为 17 mm。空腔由于在箱盖底部被遮挡，其投影用虚线表示。俯视图中主要部位在长度方向的定位与主视图相同，宽度方向上对箱盖宽度和四个定位孔中心线进行定位的操作如下：

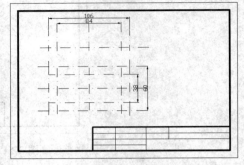

图 3-52　视图主要部位定位

命令：_offset　　　　　　　　　//敲回车键重新启动偏移命令，偏移箱盖宽度边界定位线//

指定偏移距离或 [通过(T)/删除(E)/图层(L)] <25.0000>：30　　　//输入箱盖宽度的一半(30)//

选择要偏移的对象，或 [退出(E)/放弃(U)] <退出>：　　　　　　//选择 3-51 俯视图水平辅助线//

指定偏移的那一侧上的点，或 [退出(E)/多个(M)/放弃(U)] <退出>：//向上移动鼠标后单击//

选择要偏移的对象，或 [退出(E)/放弃(U)] <退出>：　　　　　　//选择 3-51 俯视图水平辅助线//

指定偏移的那一侧上的点，或 [退出(E)/多个(M)/放弃(U)] <退出>：//向下移动鼠标后单击//

选择要偏移的对象，或 [退出(E)/放弃(U)] <退出>：　　　　　　//敲回车键退出偏移命令//

命令：_offset　　　　　　//敲回车键重新启动偏移命令，偏移宽度方向上两个定位孔的定位线//

指定偏移距离或 [通过(T)/删除(E)/图层(L)] <30.0000>：19　　　//输入定位孔中心距离的一半(19)//

选择要偏移的对象，或 [退出(E)/放弃(U)] <退出>：　　　　　　//选择 3-51 俯视图水平辅助线//

指定偏移的那一侧上的点，或 [退出(E)/多个(M)/放弃(U)] <退出>：//向上移动鼠标后单击//

选择要偏移的对象，或 [退出(E)/放弃(U)] <退出>：　　　　　　//选择 3-51 俯视图水平辅助线//

指定偏移的那一侧上的点，或 [退出(E)/多个(M)/放弃(U)] <退出>：//向下移动鼠标后单击//

选择要偏移的对象，或 [退出(E)/放弃(U)] <退出>：　　　　　　//敲回车键退出偏移命令//

俯视图主要部位定位辅助线见图 3-52。

2) 绘制视图的轮廓线

(1) 绘制主视图轮廓线。

将图层切换到"主视图"图层，打开状态工具栏上的"对象捕捉"、"正交"、"DYN"、等按钮，单击绘图工具栏上的直线"/"按钮。

① 绘制主视图外部轮廓。

　　先捕捉到箱盖长度边界定位线的交点，然后从交点处开始绘制，并依次输入长度和宽度值，最后回到开始绘制点，见图 3-53，绘图命令执行如下：

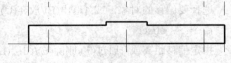

图 3-53　箱盖主视图外形轮廓

命令：_line 指定第一点：

指定下一点或 [放弃(U)]：　106　　　　　　　　//输入箱盖总长度//

指定下一点或 [放弃(U)]：　10　　　　　　　　//输入箱盖主要厚度//

指定下一点或　[闭合©/放弃(U)]：　42　　　　　　　//(106-22)÷2=42//

指定下一点或　[闭合©/放弃(U)]：　2　　　　　　　//输入箱盖中心螺孔高出箱盖上表面的高度 2//

指定下一点或　[闭合©/放弃(U)]：　22　　　　　　//输入箱盖中心螺孔直径尺寸 22//

指定下一点或　[闭合©/放弃(U)]：　2

指定下一点或　[闭合©/放弃(U)]：　42

指定下一点或　[闭合©/放弃(U)]：　10

②　绘制定位孔边界线。

单击修改工具栏上的偏移"⬛"按钮，从主
视图左侧定位孔辅助线开始，向左向右偏移距离
为 8.5，画出定位孔边界线，单击直线"⁄"按钮，
绘制内部轮廓，最后单击镜像"⬛"按钮，以中
心辅助线为镜像轴，镜像产生右侧的定位孔轮廓
线，见图 3-54，命令的执行过程如下：

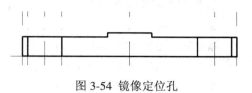

图 3-54　镜像定位孔

命令：_offset

指定偏移距离或　[通过(T)/删除(E)/图层(L)] <42.0000>：8.5

选择要偏移的对象，或　[退出(E)/放弃(U)] <退出>：

指定要偏移的那一侧上的点，或　[退出(E)/多个(M)/放弃(U)] <退出>：

选择要偏移的对象，或　[退出(E)/放弃(U)] <退出>：

指定要偏移的那一侧上的点，或　[退出(E)/多个(M)/放弃(U)] <退出>：

命令：_line 指定第一点：

指定下一点或　[放弃(U)]：

指定下一点或　[放弃(U)]：

命令：

LINE　指定第一点：

指定下一点或　[放弃(U)]：

指定下一点或　[放弃(U)]：

命令：_mirror

选择对象：　找到 1 个

选择对象：　找到 1 个，总计 2 个

选择对象：

指定镜像线的第一点：　指定镜像线的第二点：

要删除源对象吗？[是(Y)/否(N)] <N>：N

③　绘制空腔边界线。

从主视图底部水平辅助线开始向上偏移距离 2，然后以垂直中心辅助线为基线，左、
右各偏移距离 25，产生两条辅助线，然后绘制空腔的边界线，见图 3-55。

④　绘制中心螺纹内孔轮廓线。

以垂直中心辅助线为基线，左右各偏移距离 5，产生两条辅助线，然后绘制螺纹内孔
的边界线，见图 3-56。

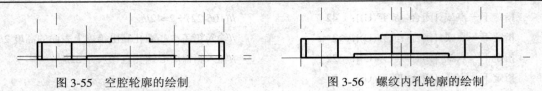

图 3-55　空腔轮廓的绘制　　　　　图 3-56　螺纹内孔轮廓的绘制

(2) 绘制俯视图轮廓线。

① 绘制箱盖长度和宽度方向的边界线。

从长度边界定位辅助线的交点开始，单击直线"✎"按钮进行绘制，命令执行过程如下：

命令：　_line 指定第一点：

指定下一点或 [放弃(U)]：　106

指定下一点或 [放弃(U)]：　60

指定下一点或 [放弃(U)]：　106

指定下一点或 [闭合(C)/放弃(U)]：　60

② 绘制定位孔及中心螺纹孔。

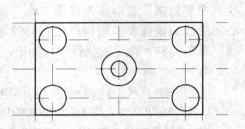

定位孔在俯视图上的投影为四个直径为 10 的
圆，而中心螺纹孔内径为 10，外径为 22。先画中心
螺纹孔投影，后画四个定位孔。画定位孔时，先在
箱盖长方形的左下角定位点上画一个直径为 17 的
圆，见图 3-57。命令执行如下：

图 3-57　定位孔及中心螺纹孔绘制

命令：　_circle 指定圆的圆心或 [三点(3P)/两点(2P)/相切、相切、半径(T)]：

指定圆的半径或 [直径(D)] <11.0000>：　5

CIRCLE 指定圆的圆心或 [三点(3P)/两点(2P)/相切、相切、半径(T)]：

指定圆的半径或 [直径(D)] <5.0000>：　11

CIRCLE 指定圆的圆心或 [三点(3P)/两点(2P)/相切、相切、半径(T)]：

指定圆的半径或 [直径(D)] <11.0000>：　8.5

命令：　_array

选择对象：　找到 1 个

其他各个圆的画法同上。

③ 绘制空腔轮廓。

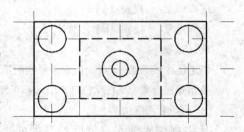

空腔在俯视图投影中的形状为长方形，长 50，
宽 38，先用偏移"✑"工具左右偏移俯视图中心辅
助线中的垂直线，偏移距离为 25，产生两条辅助线，
然后再绘制轮廓线。画线完成后，需要通过特性工
具栏将轮廓线的线型修改为虚线(空腔被箱盖的上
端部分遮挡)，所绘图形见图 3-58，命令执行如下：

图 3-58　空腔轮廓绘制

命令：　_offset

指定偏移距离或 [通过(T)/删除(E)/图层(L)] <25.0000>：

选择要偏移的对象，或 [退出(E)/放弃(U)] <退出>：

指定要偏移的那一侧上的点，或 [退出(E)/多个(M)/放弃(U)] <退出>：

选择要偏移的对象，或 [退出(E)/放弃(U)] <退出>：

指定要偏移的那一侧上的点，或 [退出(E)/多个(M)/放弃(U)] <退出>：

命令： _line 指定第一点：

指定下一点或 [放弃(U)]：50

指定下一点或 [放弃(U)]：38

指定下一点或 [闭合(C)/放弃(U)]：50

指定下一点或 [闭合(C)/放弃(U)]：38

主视图和俯视图具有左右对称的特点，除了采用上述绘图办法外，还可采用镜像的方法绘制主视图和俯视图，具体办法是按照图 3-1 给出的尺寸，先绘制出一半的图形，另外一半可用镜像的办法产生。

3) 对视图进行圆角和倒角处理

(1) 对空腔的四个角进行圆角处理。

圆角的半径为 2，对主视图空腔投影中的两个直角、俯视图空腔投影的四个直角进行圆角处理，其过程如下：

命令： _fillet   //对主视图空腔的两个直角进行圆角处理//

当前设置： 模式 = 修剪，半径 = 0.0000

选择第一个对象或 [放弃(U)/多段线(P)/半径(R)/修剪(T)/多个(M)]： r

指定圆角半径 <0.0000>：2

选择第一个对象或 [放弃(U)/多段线(P)/半径(R)/修剪(T)/多个(M)]：

选择第二个对象，或按住 Shift 键选择要应用角点的对象：

命令： _fillet   //对俯视图空腔的四个直角进行圆角处理//

当前设置： 模式 = 修剪，半径 = 2.0000

选择第一个对象或 [放弃(U)/多段线(P)/半径(R)/修剪(T)/多个(M)]：

选择第二个对象，或按住 Shift 键选择要应用角点的对象：

对俯视图空腔投影的四个直角进行圆角处理的过程同主视图的过程，圆角处理后的主视图和俯视图见图 3-59。

(2) 对箱盖的四个边角进行倒角处理。

图 3-1 中给出的倒角为 45°，倒角距离为 1.5，对主视图中的两个上边角进行倒角处理，其过程如下：

① 主视图的倒角处理。

命令： _chamfer

("修剪"模式) 当前倒角距离 1 = 2.0000，距离 2 = 2.0000

选择第一条直线或 [放弃(U)/多段线(P)/距离(D)/角度(A)/修剪(T)/方式(E)/多个(M)]：d

指定第一个倒角距离 <2.0000>：1.5

指定第二个倒角距离 <1.5000>：1.5

选择第一条直线或 [放弃(U)/多段线(P)/距离(D)/角度(A)/修剪(T)/方式(E)/多个(M)]：

选择第二条直线，或按住 Shift 键选择要应用角点的直线：

命令： _CHAMFER

("修剪"模式) 当前倒角距离 1 = 1.5000，距离 2 = 1.5000

选择第一条直线或 [放弃(U)/多段线(P)/距离(D)/角度(A)/修剪(T)/方式(E)/多个(M)]:

选择第二条直线，或按住 Shift 键选择要应用角点的直线:

② 俯视图的倒角处理：俯视图的倒角处理同主视图，倒角处理后的主视图和俯视图见图 3-60。

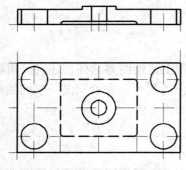

图 3-59　空腔的圆角处理

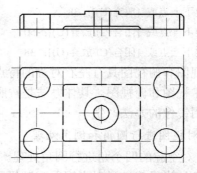

图 3-60　箱盖的四个直角进行倒角处理

4) 用图案填充主视图

单击绘图工具栏上的"▨"按钮，启动"填充图案和渐变色"对话框，单击"▭"按钮，启动"填充图案选项板"对话框，然后单击"ANSI"选项卡，选择"ANSI31"图案后回到"填充图案和渐变色"对话框，设置图案填充线之间的间隔(比例)，本项目中设置为 1，填充角度设为 0°，至于拾取点的操作见"相关知识"中的有关内容，填充后的图形见图3-61。

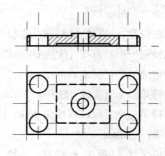

图 3-61　图案填充

9. 标注图形

1) 建立标注样式

(1) 单击标注工具栏上的"◢"按钮，启动"标注样式管理器"，见图 3-62。

(2) 单击"新建"按钮，进入"创建新标注样式"对话框。在"新样式名"文本框中输入"尺寸标注"，单击"继续"按钮，见图 3-62。

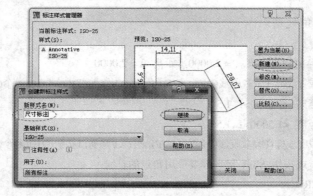

图 3-62　"标注样式管理器"及"创建标注样式"对话框

(3) 进入"新建标注样式"管理器对话框后(见图3-63)，依次设定 "符号与箭头"、"文字"、"调整" 等标签的内容。在"符号与箭头"标签中，箭头采用实心箭头，箭头大小为4，在"文字"标签中，设定文字高度为4，在"调整"标签中，主要设定文字在尺寸线上的位置，一般情况下，采用默认。

图 3-63　　"新建标注样式"管理器

2) 标注尺寸

(1) 单击标注工具栏上的"标注样式 ✐"按钮左边的样式下拉列表框，选定"尺寸标注"样式。

(2) 设置状态工具栏上的"对象捕捉"按钮状态。右单击"对象捕捉"按钮，进入"草图设置"对话框，勾选端点、圆心、交点等要捕捉的特征点，见图3-64。

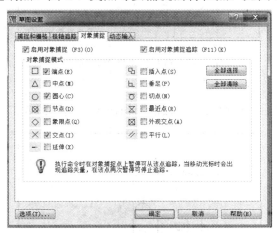

图 3-64　　"对象捕捉"选项卡设置

(3) 先用"线性标注" ⊢⊣工具依次标注线性尺寸，然后用半径"◯"或直径"◯"标注工具标注圆的尺寸，标注中心螺纹孔时，先按照直径或者半径标注，然后再进行编辑修改。

(4) 编辑标注。单击标注工具栏上的" ⊥A "编辑标注按钮，屏幕上弹出一个快捷菜单，选择"新建"菜单，这时就启动了"文字格式"对话框，见图3-65。双击图3-65中文字输入文本框，然后将里面的"0"删除，输入 **M10** 后，再单击对话框上的"确定"按钮，选择要编辑的俯视图上的中心螺纹孔内孔尺寸标注对象。中心螺纹孔定位孔外径标注的过程为：单击"符号"菜单，选择"直径(I)"，将直径符号Φ插入到尺寸修改文本框中后输入22，再单击"确定"按钮，选择主视图上中心螺纹孔外孔的标注尺寸对象，定位孔的直径标注也采用同样方法。

"文字高度"下拉列表框　　　　"符号"菜单

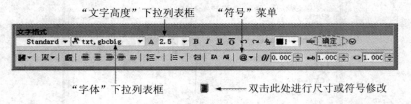

"字体"下拉列表框　　　■ ◀──── 双击此处进行尺寸或符号修改

图 3-65　文字格式对话框

10. 技术要求及标题栏中的文字填写

技术说明及标题栏中的文字，在本项目中不进行书写，在项目四学习"文字样式"、多行文字"**A**"后，可进行文字填写。用户可以尝试用多行文字"**A**"工具填写技术说明。其用法和"编辑标注"文字对话框基本一样，技术要求、标题栏文字填充见图 3-66。

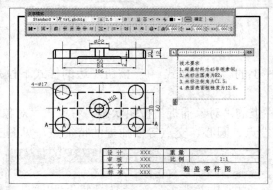

图 3-66　填写技术要求和标题栏

11. 检查图形

检查图形没有错误后，保存文件，最后的箱盖零件图见图 3-67。

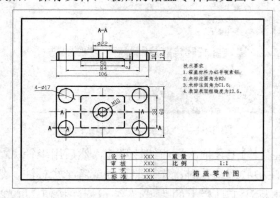

图 3-67　箱盖零件图

项目小结

　　本项目介绍了中文版 AutoCAD2008 软件常用的绘图工具及命令，讲解了图形对象与视图的常用操作，包括对象选取方法、视图缩放与移动命令、快捷菜单功能等，并通过项目实施详细给出了直线、圆、修剪、偏移、圆角、倒角、正交、镜像、对象捕捉等命令的用法与常用尺寸的标注方法，详细介绍了机械零件图的绘制过程。

项目习题

　　1. 绘制图 3-68 所示的材料压盖零件图。

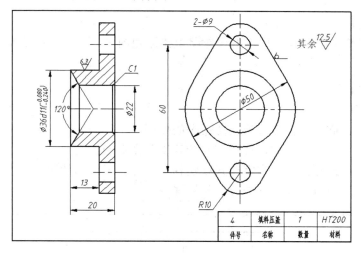

图 3-68　材料压盖零件图

　　2. 绘制图 3-69 所示的机械阀盖零件图。

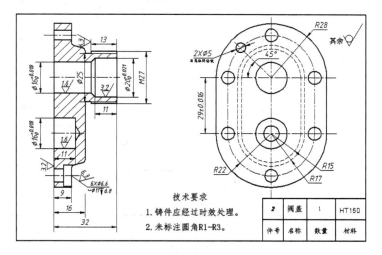

图 3-69　机械阀盖零件图

项目四　电子线路图识图与绘图

★ 项目目标

【能力目标】

通过识读和绘制如图 4-1 所示的调频路电路原理图，具备识图和绘制一般电子线路图的能力。

【知识目标】

1. 熟练使用图层
2. 掌握圆弧、椭圆和正多边形绘图命令的使用
3. 掌握删除、复制、缩放、移动和旋转等绘图命令的使用
4. 掌握文字格式对话框、文字样式创建和文字标注工具的使用
5. 掌握绘制一般电子线路图的方法与步骤

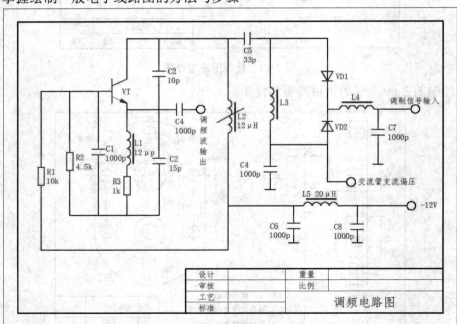

图 4-1　调频器电路原理图

★ 项目描述

调频电路广泛用于调频广播、电视伴音、雷达、微波通信、锁相电路和扫频仪等电子

设备，是一种使受调波的瞬时频率随调制信号而变化的电路。本项目要求运用相关的绘图、修改工具，完成图 4-1 所示典型调频器电路图中各标准元件图形符号和电路结构图的绘制，对电路进行合理布局，并用文字工具对电路元器件进行标注，从而掌握电子线路绘图的一般方法和步骤。

 相关知识

（一）AutoCAD 绘图工具栏中工具的使用

1. 正多边形 "⬠" 工具

1）命令启动方式

(1) 菜单启动：单击 "绘图(D)" → "正多边形(Y)"。

(2) 绘图工具栏启动：单击正多边形 "⬠" 按钮。

(3) 命令行窗口启动：在命令行窗口输入 polygon 命令。

2）操作实例

绘制正多边形时，先打开 AutoCAD 状态栏中的 "正交" 按钮，绘制等边三角形的过程如下：

命令：_polygon 输入边的数目 <4>：3　　　　//启动正多边形命令，并输入边数 3，见图 4-2(a)//

指定正多边形的中心点或 [边(E)]：　　　　//在绘图区单击，确定正多边形的中心点坐标，见图 4-2(b)//

输入选项 [内接于圆(I)/外切于圆(C)] <I>：I

//指定正多边形与圆的关系，本例选择 "内接于圆"，见图 4-2(c)//

指定圆的半径：　　<正交 开>

//指定正多边形内接圆的半径，不需要尺寸时，直接用鼠标拖曳确定半径，见图 4-2(d)//

(a) 输入边的数目　　(b) 指定中心点　(c) 选择内接于圆　(d) 输入圆的半径　(e) 等边三角形

图 4-2　等边三角形的绘制过程

2. 圆弧 "⌒" 工具

1）命令启动方式

(1) 命令菜单启动：单击 "绘图(D)" → "圆弧(A)"。

(2) 绘图工具栏启动：单击绘图工具栏上的圆弧 "⌒" 按钮。

(3) 命令行窗口启动：在命令行窗口输入 arc 命令。

2）操作实例

关闭状态栏中的 "正交" 按钮，然后启动画圆弧命令，再按照命令行窗口的提示画图。圆弧的绘制有多种方式，其中通过指定圆弧的起点、中间点(确定弧顶的点)和终点绘制圆弧的方式比较常用，这种圆弧画法称为三点画法。其他方式画圆弧需要确定具体的端点、距离、圆心角和其他参数，如确定起点、圆心、角度也可以画出圆弧。

(1) 绘制三点圆弧。

命令：　_arc 指定圆弧的起点或 [圆心(C)]：　　　//启动圆弧命令，用鼠标单击方式指定圆弧的起点//

指定圆弧的第二个点或 [圆心(C)/端点(E)]：　　//用鼠标单击方式指定圆弧的第二点//

指定圆弧的端点：　　　　　　　　　　　//用鼠标单击方式指定圆弧的端点//

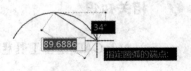

图 4-3　三点圆弧的绘制过程

(2) 使用起点、圆心和圆心角绘制圆弧。

用这种方式绘制圆弧，需要在"绘图"菜单中启动绘制圆弧的命令。单击菜单"绘图(D)"→"圆弧(A)"→"起点、圆心和圆心角(I)"可启动该命令，命令的执行过程如下：

命令：　_arc 指定圆弧的起点或 [圆心(C)]：　　//启动圆弧命令，并在绘图区单击确定圆弧起点//

指定圆弧的第二个点或 [圆心(C)/端点(E)]：　_c　// 指定圆弧的圆心：单击确定圆心位置//

指定圆弧的端点或 [角度(A)/弦长(L)]：　_a 指定包含角：135　　　　　//输入圆心角 135//

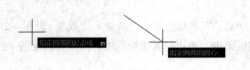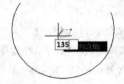

图 4-4　用起点、圆心和圆心角画圆的过程

用其他方式绘制圆弧，也需要在"绘图"菜单启动圆弧的命令。

3. 椭圆 "⬭" 工具

1) 命令启动方式

(1) 菜单启动：单击"绘图(D)"→"椭圆(E)"。

(2) 绘图工具栏启动：单击绘图工具栏上的椭圆"⬭"按钮。

(3) 命令行窗口启动：在命令行窗口输入 ellipse 命令。

2) 有关椭圆的说明

只要给出椭圆的中心点、长半轴和短半轴的长度，就可以画出椭圆，有关椭圆的说明见图 4-5。绘图时，最好先确定中心点，然后给出长、短半轴的长度。

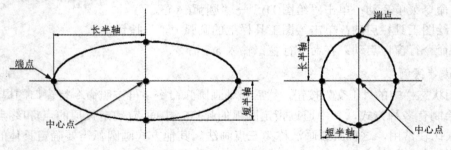

图 4-5　椭圆的有关说明

3) 操作实例

命令：_ellipse　　　　　　　　　　　　　　　//启动椭圆命令//

指定椭圆的轴端点或 [圆弧(A)/中心点(C)]： c　　//输入 c，选择"中心点(c)"选项//

指定椭圆的中心点：　　　　　　　　　　　　//在绘图区单击确定中心点的位置//

指定轴的端点： 30　　　　　　　　　　　　//向左或右移动鼠标位置，输入长半轴长度 30，回车//

指定另一条半轴长度或 [旋转(R)]： 15　　//鼠标上移或下移，输入短半轴长度 15，回车//

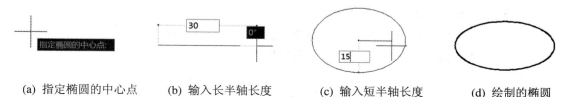

(a) 指定椭圆的中心点　　(b) 输入长半轴长度　　(c) 输入短半轴长度　　(d) 绘制的椭圆

图 4-6　椭圆的绘制过程

（二）AutoCAD 修改工具栏中工具的使用

本项目涉及的修改工具栏中工具有删除、复制、移动、旋转、缩放等。

1. 删除"✐"工具

删除工具用以删除绘图区中不需要的图形，其删除图形的速度快于通过绘图区弹出式菜单中的剪切或删除命令。

1) 命令启动方式

(1) 菜单启动：单击"修改(M)"→"删除(<u>E</u>)"。

(2) 修改工具栏启动：单击修改工具栏上的"✐"按钮。

(3) 命令行窗口启动：在命令行窗口输入 erase 命令。

2) 操作实例

现以圆的绘制和删除为例说明删除工具的使用。

命令：_circle 指定圆的圆心或 [三点(3P)/两点(2P)/相切、相切、半径(T)]：

指定圆的半径或 [直径(D)]： d //绘制圆有两种方式：半径和直径，本例中采用输入直径的方式画圆//

指定圆的直径： 80　　　　　　　　　　　　　　　　//输入直径 80//

命令：_erase　　　　　　　　　　　　　　　　　　//启动删除命令//

选择对象：找到 1 个　　//用鼠标单击圆的轮廓线，这时圆的轮廓线变为虚线，然后右单击删除圆//

删除工具不仅可以删除单个图形对象，而且还可成批删除图形，具体方法是用鼠标进行栏选，即用鼠标拖出一个矩形框，将删除的图形对象全部选择再删除，删除工具的使用见图 4-7。

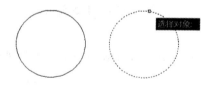

图 4-7　删除工具的使用

> **注意**：修改工具栏中的删除、复制、镜像、平移、旋转、缩放、拉伸、修剪、延伸等工具，在使用时有一个共同特点，即图形对象被选择后，轮廓线变成虚线，进行下一步操作时，一定要按鼠标右键(简称右单击)进行确定(右单击相当于敲回车进行确定)。

2. 复制 "🐾" 工具

复制工具用以复制绘图区中的图形对象，但该工具不是一种简单的复制工具，它可以在绘图区准确定位复制副本放置的位置，使用相当方便。

1) 命令启动方式

(1) 菜单启动：单击 "修改(M)" → "复制(Y)"。

(2) 修改工具栏启动：单击修改工具栏上的复制 "🐾" 按钮。

(3) 命令行窗口启动：在命令行窗口输入 copy 命令。

2) 操作实例

先在绘图区用偏移 "🗗" 工具绘制如图 4-8 所示的 2 行 2 列的网格(行距 60，列距 80)，然后再绘制一个半径为 20 的圆，见图 4-8(a)，再将圆复制到网格线的交点上，复制时，将对象 "捕捉" 工具打开，并关闭 "正交" 工具，复制的操作如下：

命令：_copy　　　　　　　　　　　　　　　　　　 //启动复制命令//

选择对象： 找到 1 个　　　　　　　　　　　　　　 //选择画好的圆，见图 4-8(b)//

指定基点或 [位移(D)/模式(O)] <位移>：

//将复制的基点确定为圆心(用鼠标捕捉)。基点是指在被复制的图形中选定的点，用来确定被复制图形移动的新位置，这个点和目标点位置最后要重合，见图 4-8(c)//

指定第二个点或 <使用第一个点作为位移>：

//用鼠标捕捉网格上的第一个点并单击该点，见图 4-8(d)，实现了复制副本图形的定位//

指定第二个点或 [退出(E)/放弃(U)] <退出>：

//用鼠标捕捉网格上的第二个点并单击。然后依次捕捉第三个到第九个点，完成所有圆的复制。最后敲回车键结束复制命令，见图 4-8(e)//

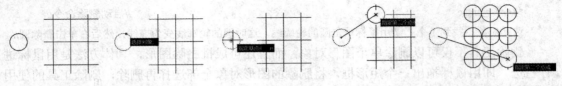

(a) 画好的圆与网格　　　(b) 选择圆　　　(c) 指定基点　　　(d) 指定第二个点　　　(e) 复制产生的圆

图 4-8　复制工具的使用

3. 移动 "✛" 工具

移动工具用以移动绘图区中的图形对象从一个位置到另外一个位置，使用该工具移动图形时，具有准确定位功能。

1) 命令启动方式

(1) 菜单启动：单击"修改(M)"→"平移(V)"。

(2) 修改工具栏启动：单击修改工具栏上的移动"✛"按钮。

(3) 命令行窗口启动：在命令行窗口输入 move 命令。

2) 操作实例

先在绘图区绘制一个圆和一个正方形，将正方形移动到圆内，要求两者的中心重合。移动前要打开"对象追踪"和"对象捕捉"等状态工具栏上的按钮，具体操作如下所示。

(1) 画圆。

命令：_circle 指定圆的圆心或 [三点(3P)/两点(2P)/相切、相切、半径(T)]:

指定圆的半径或 [直径(D)] <6.0000>: 6　　　　　　　　//绘制半径为 6 的圆//

(2) 画正方形。

命令：　_polygon 输入边的数目 <4>: 4　　　//启动正多边形命令，并输入边数 4，绘制正方形//

指定正多边形的中心点或 [边(E)]:　　　　　　　　　//用鼠标在绘图区单击//

输入选项 [内接于圆(I)/外切于圆(C)] <I>: I　　　　　//输入为 I//

指定圆的半径：　6　　　　　　　　　　　　　　　//输入内接圆的半径为 6//

(3) 移动正方形到圆内。

命令：_move

选择对象：　指定对角点：　找到 1 个　　　　　　//启动移动命令//

选择对象：　　　　　　　　　　　　　　　　//单击选择正方形，见图 4-9(a)//

指定基点或 [位移(D)] <位移>:　　　//单击选择捕捉到的正方形对角线的交点，见图 4-9(b)//

指定第二个点或 <使用第一个点作为位移>:　　//单击捕捉到的圆心，移动正方形，见图 4-9(c)//

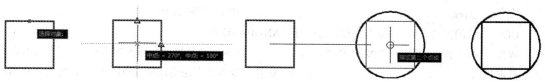

(a) 选择正方形　　　(b) 指定移动的基点　　　(c) 单击捕捉到的圆心位置　　　(d) 移动后的正方形

图 4-9　移动工具的使用

> **注意**：指定基点(源点)时，要充分利用"对象追踪"和"对象捕捉"等工具，先用鼠标捕捉正方形上边中点位置，然后将鼠标向下移到正方形下边，并捕捉中点位置，这样会拖出一条过上下两边中点的虚线，用同样的方法也可在正方形的左右两边中点处找到一条虚线，水平虚线和垂直虚线的交点就是正方形的中心位置，再用鼠标单击该点，确定了移动的基点。

4. 旋转"↻"工具

旋转工具用以旋转绘图区中的图形对象。该工具主要将一个图形绕一个点进行定角度或任意角度的旋转，满足绘图需要。

1) 命令启动方式

(1) 菜单启动：单击"修改(M)"→"旋转(R)"。

(2) 修改工具栏启动：单击修改工具栏上的旋转"〇"按钮。

(3) 命令行窗口启动：在命令行窗口输入 rotate 命令。

2) 操作实例

现以滑动变阻器逆时针旋转 90° 为例说明旋转工具的使用，滑动变阻器见图 4-10(a)，旋转操作过程如下所示。

旋转图形对象时，要选定一个旋转点(即 AutoCAD 中的基点)，然后绕旋转点旋转图形对象。

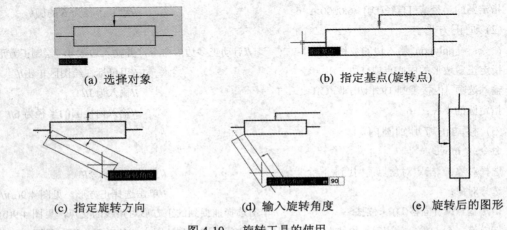

(a) 选择对象　　　　　　　　　　(b) 指定基点(旋转点)

(c) 指定旋转方向　　　(d) 输入旋转角度　　　(e) 旋转后的图形

图 4-10　　旋转工具的使用

命令：_rotate　　　　　　　　　　　　//启动旋转命令//

UCS 当前的正角方向：　ANGDIR=逆时针　ANGBASE=0

选择对象：　指定对角点：　找到 9 个　　　//全部选择滑动变阻器图形对象，见图 4-10(a)//

指定基点：　　　　　　　　　　　　//单击滑动变阻器左边引线的端点(旋转点)，见图 4-10(b)//

指定旋转角度，或 [复制(C)/参照(R)] <0>：90　　//输入旋转角度 90°，见图 4-10(d)//

滑动变阻器旋转操作过程见图 4-10，如按照任意角度旋转图形，可移动鼠标，图形绕旋转点旋转到一个位置后，单击鼠标，可完成任意角度的的旋转，见图 4-10(c)。

5. 缩放"▢"工具

缩放工具用来将图形按照一定的比例进行放大或缩小。当用户输入的比例因子大于 1 时，图形对象会被放大，当输入的比例因子介于 0 和 1 时，图形对象缩小，除了按给定比例缩放图形时，还可以拖动光标使对象变大或变小。它与缩放工具栏中的工具不同，视图缩放工具只改变视觉尺寸，其图形的大小并没有改变，而修改工具栏中的缩放工具，会改变图形的实际大小。

1) 命令启动方式

(1) 菜单启动：单击"修改(M)"→"缩放(L)"。

(2) 修改工具栏启动：单击修改工具栏上的缩放"▢"按钮。

(3) 命令行窗口启动：在命令行窗口输入 scale 命令。

2) 操作实例

现以电铃的绘制为例说明缩放工具的使用。

(1) 绘制电铃。

绘制电铃图形符号的过程见图 4-11。

(a) 绘制圆　　　(b) 修剪圆　　　(c) 画电铃引线　　　(d) 镜像或复制引线　　　(e) 绘制的电铃

图 4-11　电铃的绘制过程

(2) 电铃的缩放操作。

命令：　_scale　　　　　　　　　　　　　　//启动缩放命令 //

选择对象：　指定对角点：　找到 4 个　　　　//选择画好的电铃，见图 4-12(a)//

指定基点：　　　　　　　　　　　　//捕捉电铃的半圆弧直径中点，然后单击，见图 4-12(b)//

指定比例因子或 [复制(C)/参照(R)] <0.5287>：2

//在命令窗口的提示中输入 2，表示图形实际放大两倍，并敲回车键确定，见图 4-12(c)//

(a) 选择对象　　　　　(b) 指定基点　　　　　(c) 输入放大比例　　　(d) 放大 2 倍后的图形

图 4-12　缩放工具的使用

(三) AutoCAD 文字工具

1. 文字工具栏介绍

文字工具用于标注电气图中的设备、元器件文字符号和书写技术说明文字等，该功能的实现可通过图 4-13 所示的文字工具栏中的各项命令来实现,其命令和功能如表 4-1 所示。

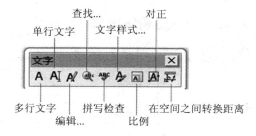

图 4-13　文字工具栏

最常用的是"多行文字输入"命令，该命令图标"**A**"已经集成在绘图工具栏中，如果还需要使用其他命令就要调出"文字"工具栏，调出工具栏的方法见项目二。

表 4-1　文字工具栏及命令详表

图标	命令	英文命令	功　　能
A	多行文字	MTEXT	用于文字内容较多，且需要比较复杂编辑的文字标注
AI	单行文字	DTEXT	用于文字数量不多且不需要复杂编辑的文字标注
A	文字编辑	DDEDIT	对文字对象进行选择、复制、删除，并设置字体的类型、高度、颜色及对齐方式等属性，编辑功能比较全面
@	文字查找	FIND	用于在文字查找对话框中输入条件，对文字进行搜索和替换
ABC	文字拼写	SPELL	用于搜索用户指定文字区域中的词语拼写错误
A	文字样式	STYLE	用于定制标注文字对象的样式，包括设置文字的类型、高度和其他内容
A	文字比例	SCALETEXT	对选定的文字对象进行真实放大或缩小
A	文字对正	JUSTIFYTEXT	用于改变选定文字对象的对齐点而不改变其位置
⚏	在空间之间转换距离	SPACETRANS	将模型空间或图纸空间的长度(特别是文字高度)转换为其他图纸空间的等价长度

2. 多行文字工具使用

多行文字"**A**"工具具有文字编辑的大部分功能，在实际应用中，只要掌握多行文字工具就可以完成图纸的文字标注或注释工作。

1) 命令启动方式

(1) 菜单启动：单击"绘图(D)"→"文字(X)"→"多行文字(M)"。

(2) 绘图工具栏启动：单击绘图工具栏上的多行文字"**A**"按钮。

(3) 命令行窗口启动：在命令行窗口输入 mtext 命令。

"多行文字"命令启动后，用鼠标在绘图区单击后拖曳出一个矩形区域，然后再单击，这样才会出现多行文字对话框，见图 4-14。

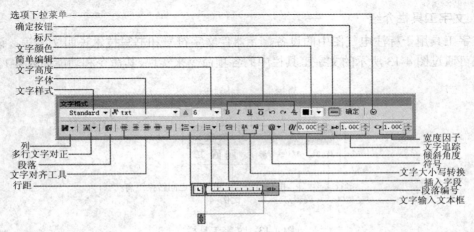

图 4-14　"文字格式"对话框

2) 多行文字工具说明

多行文字"文字格式"对话框及说明见图 4-14。其编辑风格与 Word 软件有相似之处，熟悉 Word 文字处理软件的用户，对本对话框并不陌生，用户通过上机摸索均可掌握。

(1) "文字样式"下拉列表框。

用以选择事先定制好的文字样式(关于文字样式的定制见本项目实施内容)，如果未定制，则默认为 Standard。

(2) "字体"下拉列表框。

用以选择字体类型，按照国家标准，图纸中的字体类型为长仿宋体，但有些 Windows 操作系统没有这样的专用字体，只能用仿宋体代替，如果定制了文字样式，则不操作"字体"下拉列表框。

(3) "字体大小"下拉列表框。

用以输入字体大小或者选择已有的字体大小，如果定制了文字样式，则不操作"字体大小"下拉列表框。

(4) 符号集。

用以选择标注或者注释文字中的特殊符号。当然有些特殊符号，也可通过输入法的软键盘获得(右单击输入法软键盘图标即可)。

其他工具的使用可参照 Microsoft Office 软件。

(四) 电子线路常用元器件图形符号

电子线路常用元器件图形符号及说明见表 4-2,本项目涉及的电子元器件图形符号主要有电阻、电感、电容器、三极管和二极管。

表 4-2 电子线路常用元器件图形符号及说明

类 型	图形符号及说明	
电阻		电阻的一般符号
		可变电阻器/可调电阻器
		滑线式变阻器
		带触点电位器
电容		电容器一般符号
		极性电容器
		可变电容器/可调电容器

类　型	图形符号及说明	
电感		电感器线圈扼流线圈
		带铁芯的电感
		可变电感器
半导体二极管		半导体二极管一般符号
		发光二极管一般符号
		单向击穿二极管、电压调整二极管、江崎二极管
		双向击穿二极管
半导体三极管		PNP 型单导体三极管
		NPN 型半导体三极管、集电极接外壳
半导体三极管		PNP 型半导体三极管
		NPN 型半导体三极管、集电极接外壳
晶体管		三极晶体闸流管
		反向阻断三极晶体闸流管、N 型控制极(阳极侧受控)
		反向阻断三极晶体闸流管、P 型控制极(阴极侧受控)
		光控晶体闸流管

🔑 项目实施

(一) 调频电路识图

实现调频的方法很多，大致可分为两类，一类是直接调频，另一类是间接调频。直接调频是用调制信号电压直接去控制自激振荡器的振荡频率(实质上是改变振荡器的定频元件)，图 4-1 所示的调频电路就属于此类调制。间接调频则是利用频率和相位之间的关系，将调制信号进行适当处理(如积分)后，再对高频振荡进行调相，以达到调频的目的。两种调频法各有优缺点。直接调频的稳定性较差，但得到的频偏大，线路简单，故应用较广；

间接调频稳定性较高，但不易获得较大的频偏。

图 4-1 所示的调频电路图，由图框、标题栏、电路和文字标注等部分组成。由于本项目涉及的调频电路比较简单，应选用 A4(297×210)幅面的图纸进行绘制，图纸应该横向放置，即长边向下，短边向上。

(二) 绘制调频电路图

1. 创建绘图文件

(1) 在硬盘目录"E:"中创建名称为"调频电路绘图"文件夹。

(2) 创建绘图文件：依次单击菜单"文件(F)"→"新建(N...)"，启动"选择样板"对话框，选择"acadiso.dwt"文件样板类型，创建名称为"Drawing1.dwg"的文件。

(3) 另存文件：依次单击菜单"文件(F)"→"另存为(A...)"，启动"图形另存为"对话框。然后单击"保存于"下拉列表框，选择硬盘 "E:"盘根目录中的"调频电路绘图"文件夹，打开该文件夹，在对话框"文件名:"后的文本框中输入文件名"调频电路绘图"，单击"保存"按钮，完成了文件创建。

2. 设置绘图环境

主要设置图形单位、绘图区的颜色、草图设置等，具体设置见"项目二"有关内容。

3. 创建图层

根据识图结果，该电路图由图框与标题栏、元器件、电路结构和标注四部分组成，可创建四个图层，其具体操作如下所述。

(1) 启动"图层特性管理器"。单击"图层特性管理器"按钮"🥞"，启动"图层特性管理器"，见图 4-15。

(2) 单击"新建图层"按钮"🐾"，创建名称为"图层 1"的图层，单击"图层 1"名称栏，将"图层 1"重新命名为"图框与标题栏"。同理可创建"元件"、"电路结构"和"文字标注"等图层，具体见图 4-15。

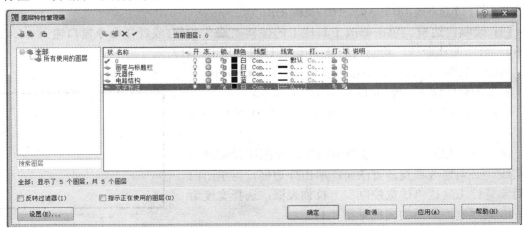

图 4-15 图层创建与图层特性设定

(3) 设置图层特性。图框与标题栏图层的设置。图框线分内边框和外边框，内边框为粗实线，外边框为细实线。线型设置为"continuous"即连续线，线宽统一设定为 0.5 mm，图框外边框线宽用对象特性工具栏的"线型控制"下拉列表框修改为 0.2mm，图层颜色设置为黑色，具体设置操作见"项目三"相关知识。

"元器件"、"电路结构"图层的线型设置为"continuous"，即连续线，线宽设置为 0.3mm，颜色分别设置为红色、蓝色，见图 4-15。

"文字标注"图层的线型为连续线，线宽选 0.2mm，颜色选择为黑色，见图 4-15。

4. 绘制图框与标题栏

1) 绘制图框

(1) 将"图框与标题栏"图层置为当前。单击"图层特性管理器"的下拉列表框，从列表中选定"图框与标题栏"，这样就将该图层置为当前的了，见图 4-16。

图 4-16　图层"置为当前"的操作

(2) 绘制外边框。在绘图区绘制一长为 297mm、宽为 210mm 的矩形。单击绘图工具栏上的矩形""按钮(或者在命令窗口输入 **rectang 命令**)，然后按照命令行窗口的提示依次进行操作：

　　指定第一个角点或 [倒角(C)/标高(E)/圆角(F)/厚度(T)/宽度(W)]：

　　指定另一个角点或 [面积(A)/尺寸(D)/旋转(R)]：　d

　　指定矩形的长度 <10.0000>：　297

　　指定矩形的宽度 <10.0000>：　210

　　指定另一个角点或 [面积(A)/尺寸(D)/旋转(R)]：

(3) 绘制内边框。单击修改工具栏上的偏移"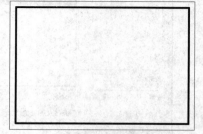"按钮(或者在命令窗口输入 rectang 命令)，启动偏移命令，绘制内边框(不留装订线)，见图 4-17。

　　指定偏移距离或 [通过(T)/删除(E)/图层(L)] <10.0000>：10

　　选择要偏移的对象，或 [退出(E)/放弃(U)] <退出>：

　　指定要偏移的那一侧上的点，或 [退出(E)/多个(M)/放弃(U)] <退出>：

(4) 修改线宽。外边框线为细实线，而图层设定时为粗实线，必须修改线宽。方法为：单击外边框，再单击图形对象特性工具栏"线宽控制"下拉列表框，选择宽度为 0.2mm 的线宽，最后的图框见图 4-17。

图 4-17　图框的绘制

2) 绘制标题栏

绘图前将"图框与标题栏"图层置为当前，并依次打开 AutoCAD 软件状态栏上的"正交"、"对象捕捉"和"DYN(动态输入)"等工具。

（1）绘制标题栏外框。

单击绘图工具栏上的直线"✎"按钮，画出一个矩形外框，外框的绘制过程见项目三中"项目实施"的有关内容，绘制的外框见图 4-18(a)。

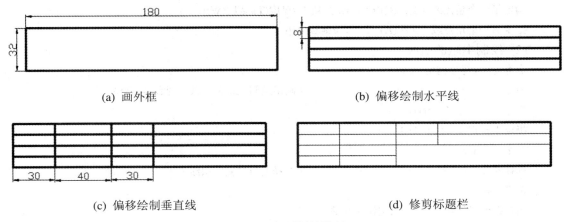

（a）画外框　　　　　　　　　　　　　　　　　（b）偏移绘制水平线

（c）偏移绘制垂直线　　　　　　　　　　　　　（d）修剪标题栏

图 4-18　　标题栏的绘制

（2）画标题栏内框线。

标题栏内框的绘制操作过程见图 4-18(b)和 4-18(c)，其中水平线的偏移可从标题栏外边框水平线开始偏移，间距为 8；垂直线从标题栏外框的垂直线开始偏移，偏移的间距依次为 30、40 和 30。

单击修改工具栏上的"✑"按钮，或者在命令行窗口输入 offset 命令，启动偏移命令，偏移产生标题栏内的水平线和垂直线，偏移过程见项目三中"项目实施"的有关内容。

（3）修剪标题栏。

单击修改工具栏中的修剪"⊸⊱"按钮，启动修剪"命令"，或者在命令行窗口输入 trim 命令，修剪过程见项目三中"项目实施"的有关内容，修剪后的标题栏见图 4-18(d)。

5. 保存图框与标题栏

将绘制好的标题栏与图框保存起来，文件命名为"标题栏与图框.dwg"，以便下次绘图时，将文件中的图框与标题栏复制到新文件的绘图区。

6. 绘制元器件图形符号

项目所用的元器件主要有电阻、电感、电容、二极管、三极管，如图 4-19 所示，绘制元器件图形符号时，先将图层切换到"元器件"图层。

电容器　　　　　　电阻　　　　　晶体三极管　　　　　晶体二极管　　　　电感

图 4-19　项目所用元器件图形符号

1) 电阻图形符号的绘制

(1) 绘制电阻主体部分。

命令: _rectang　　　　　　　　　　　　　　//启动矩形命令，画出电阻的主体部分，见图4-20(a)//

指定第一个角点或 [倒角(C)/标高(E)/圆角(F)/厚度(T)/宽度(W)]:

指定另一个角点或 [面积(A)/尺寸(D)/旋转(R)]:

(2) 绘制电阻的引线。

命令: <对象捕捉 开>

命令: _line 指定第一点:　　　　　　　　//画出电阻左侧的引线，见图4-20(b)//

指定下一点或 [放弃(U)]:

指定下一点或 [放弃(U)]:

命令: _mirror

选择对象: 找到 1 个　　　　　　　　　//选择电阻左侧的引线//

选择对象:

指定镜像线的第一点: 指定镜像线的第二点:

　　　　　　　　　　　　　　　　　　　//以电阻上下两个长边的中点为镜像轴，见图4-20(c)//

要删除源对象吗? [是(Y)/否(N)] <N>:　　//敲回车键回车结束绘图，电阻图形符号见图4-20(d)//

 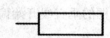 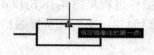 

(a) 绘制矩形　　　　　　　(b) 绘制引线　　　　　　(c) 选择镜像轴　　　　　(d) 绘制的电阻图形符号

图4-20　电阻图形符号的绘制过程

2) 电容器图形符号的绘制

(1) 绘制电容器的上极板(见图4-21(a))。

命令: <对象捕捉 开>

命令: _line 指定第一点: <正交 开>

指定下一点或 [放弃(U)]:

指定下一点或 [放弃(U)]:

(2) 绘制电容器的下极板(见图4-21(b))。

命令: _offset　　　　　　　　　　　　　　　　　　　//启动偏移命令 //

指定偏移距离或 [通过(T)/删除(E)/图层(L)] <5.0000>: 3　　//输入上下极板之间的距离为3 //

选择要偏移的对象，或 [退出(E)/放弃(U)] <退出>:　　　　//用鼠标选择上极板 //

指定要偏移的那一侧上的点，或 [退出(E)/多个(M)/放弃(U)] <退出>:

//鼠标移动到上极板下侧单击，完成下极板绘制，并回车//

(3) 绘制上下极板之间的对称轴(见图4-21(c))。

命令: _line 指定第一点:

指定下一点或 [放弃(U)]:

指定下一点或 [放弃(U)]:　　　　　　　　　　　　　　　//回车结束绘图//

(4) 镜像引线(见图4-21(d))。

命令：_mirror

选择对象：指定对角点：找到 0 个

选择对象：找到 1 个

(a) 画上极板　　(b) 偏移画出下极板　　(c) 画辅助线及上引线　　(d) 镜像引线　　(e) 电容器图形符号

图 4-21　电容图形符号的绘制过程

3) 半导体三极管图形符号的绘制

(1) 画基极。

命令：_line 指定第一点：	//画基极左边直线，见图 4-22(a)//
指定下一点或 [放弃(U)]：	
指定下一点或 [放弃(U)]：	
命令：_line 指定第一点：	//画基极上半部分直线，见图 4-22(b)//
指定下一点或 [放弃(U)]：	
指定下一点或 [放弃(U)]：	
命令：_mirror	//启动镜像命令//
选择对象：找到 1 个	//选择晶体三极管基极上半部直线//
指定镜像线的第一点：指定镜像线的第二点：	//以基极的两个端点为镜像轴，见图 4-22(c)//
要删除源对象吗？[是(Y)/否(N)] <N>：	//敲回车键结束镜像命令//

(2) 画集电极。

命令：_line 指定第一点：	//画出晶体三极管的集电极直线，见图 4-22(d)//
指定下一点或 [放弃(U)]：　<正交 关>	
指定下一点或 [放弃(U)]：	

(3) 画发射极。

命令：_mirror	//启动镜像命令//
选择对象：找到 1 个	//选择晶体三极管的集电极斜直线//
指定镜像线的第一点：指定镜像线的第二点：	//选择基极的两个端点为镜像轴，见图 4-22(e)//
要删除源对象吗？[是(Y)/否(N)] <N>：	//敲回车键结束镜像命令//

(4) 绘制晶体三极管发射极箭头。

命令：_line 指定第一点：	//绘制上半部箭头直线//
指定下一点或 [放弃(U)]：	
指定下一点或 [放弃(U)]：	
命令：_mirror	//启动镜像命令//
选择对象：找到 1 个	//选择发射极箭头的上半部直线//

指定镜像线的第一点：　<对象捕捉 开> 指定镜像线的第二点：

//以发射极为镜像轴，镜像画出发射极箭头的下半部//

要删除源对象吗？[是(Y)/否(N)] <N>：　　　　　　　　// 敲回车键结束镜像命令//

命令：_line 指定第一点：　　　　　　　　　　　　//绘制箭头封口线//

指定下一点或 [放弃(U)]：

指定下一点或 [放弃(U)]：

命令：_bhatch　　　　　　　　　　　　　　　　//启动图案填充命令，填充箭头，见图 4-22(f)//

拾取内部点或 [选择对象(S)/删除边界(B)]：　正在选择所有对象...

正在选择所有可见对象...

正在分析所选数据...

正在分析内部孤岛...

拾取内部点或 [选择对象(S)/删除边界(B)]：

正在分析内部孤岛...

拾取内部点或 [选择对象(S)/删除边界(B)]：

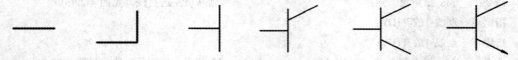

(a) 画基极引线　(b) 基极上半部　(c) 镜像下半部　(d) 画集电极　(e) 镜像画出发射极　(f) 画出发射极箭头

图 4-22　　晶体三极管图形符号绘制过程

4) 二极管图形符号的绘制

启动状态工具栏上的"对象捕捉"和"正交"工具，二极管图形符号绘制过程见图 4-23。

(a) 画等边三角形　　　　(b) 画引线　　　　(c) 画 PN 结上半部　　(d) 镜像画出 PN 结下半部

图 4-23　　二极管图形符号绘制过程

(1) 画出等边三角形。

命令：_polygon 输入边的数目 <3>：3　　　　//启动正多边形命令，输入边数为 3//

指定正多边形的中心点或 [边(E)]：　　　　//用鼠标单击绘图区某一位置，确定正多边形的中心坐标//

输入选项 [内接于圆(I)/外切于圆(C)] <I>：I　　//直接在命令窗口输入选项"I" //

指定圆的半径：　　　　//用鼠标直接在绘图区移动，以确定三角形的大小，然后再单击，见图 4-23(a)//

(2) 画二极管的引线。

命令：_line 指定第一点：　　　　　　　　//绘制左侧引线//

指定下一点或 [放弃(U)]：

命令：_line 指定第一点：　　　　　　　　//绘制右侧引线，见图 4-23(b)//

指定下一点或 [放弃(U)]：

(3) 通过镜像画出"PN 结"形状。

命令：_line 指定第一点：　　　　　　　　//画出二极管"PN"结的上半部，见图 4-23(c)//

指定下一点或 [放弃(U)]：

命令：_mirror　　　　　　　　　　　　　//启动镜像命令//

选择对象: 找到 1 个 　　　　　　　　　　//选择 PN 结上半部直线//

指定镜像线的第一点: 指定镜像线的第二点: //将水平引线指定为镜像轴，在该线上指定两个点//

5) 电感图形符号的绘制

绘制电感图形符号时，先打开状态工具栏上的"对象捕捉"和"对象追踪"等工具，电感图形符号的绘制过程见图 4-24。

(1) 绘制电感线圈辅助线。

命令: _line 指定第一点:

指定下一点或 [放弃(U)]:

指定下一点或 [放弃(U)]:

(2) 绘制圆弧。

命令: _arc 指定圆弧的起点或 [圆心(C)]: 　　　//用三点圆弧在辅助线上绘制圆弧//

指定圆弧的第二个点或 [圆心(C)/端点(E)]: 　<正交 关>

指定圆弧的端点:

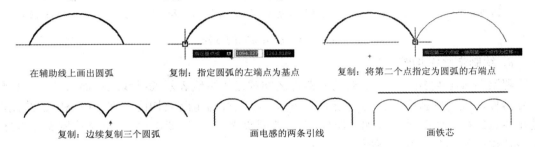

图 4-24　电感符号图的绘制过程

(3) 绘制线圈。

命令: _copy 　　　　　　　　　　　　　　　//启动复制命令//

选择对象: 找到 1 个 　　　　　　　　　　//选择圆弧//

指定基点或 [位移(D)/模式(O)] <位移>: 　　//将圆弧的左端点确定为基点，并用鼠标单击//

指定第二个点或 <使用第一个点作为位移>:

//将圆弧的右端点确定为操作的第二个点，并用鼠标单击，复制出第一个圆弧//

指定第二个点或 [退出(E)/放弃(U)] <退出>:

//将复制产生的第一个圆弧左边端点作为复制操作的第二个点，并用鼠标单击，复制出第二个圆弧//

指定第二个点或 [退出(E)/放弃(U)] <退出>:

//将复制产生的第二个圆弧左边端点作为复制操作的第二个点，并用鼠标单击，复制出第三个圆弧//

(4) 删除辅助线。

命令: _.erase 找到 1 个 　　//启动删除命令，依次删除画圆弧的辅助线，完成线圈的绘制//

(5) 绘制电感引线。

命令: _line 指定第一点: 　　　　　　　　//绘制左端引线//

指定下一点或 [放弃(U)]: 　<正交 开>

指定下一点或 [放弃(U)]:

命令: _line 指定第一点: 　　　　　　　　//绘制右端引线//

指定下一点或 [放弃(U)]:

指定下一点或 [放弃(U)]:

(6) 绘制电感铁芯。

命令: _line 指定第一点: 　　　　　　　//绘制电感的铁芯，并将该线条进行加粗//

指定下一点或 [放弃(U)]:

指定下一点或 [放弃(U)]:

6) 箭头的绘制

箭头不是什么电子器件，但有些电子器件符号中有箭头。在教学中经常发现学生画箭头不够标准，在此专门对箭头的绘制进行讲解。

箭头绘制的主要使用了直线、圆弧、镜像和图案填充等工具，其中镜像工具主要用于对称地绘制箭头的上下两端箭头线，而圆弧工具则绘制箭头的封口线，图案填充工具将实心的图案填充到箭头封闭图形内。画箭头时，封口的角度要根据不同图形要进行尝试。

　　画箭头中心线　　　　画箭头上侧线　　镜像画出箭头下侧线　　用圆弧画箭头封口线　　用实心图案填充箭头

图 4-25　箭头绘制的过程

7. 绘制电路结构图

观察图 4-1 可知，图中所有的元器件之间都是用直线表示的导线连接而成的，如果除去元器件，电路图就变为只有直线的结构图，我们称为电路结构图，许多电路图的绘制都是在线路结构图的基础上添加元器件、设备的图块来完成的，图 4-1 的电路结构图见图 4-26，电路结构图的绘制过程如下所示。

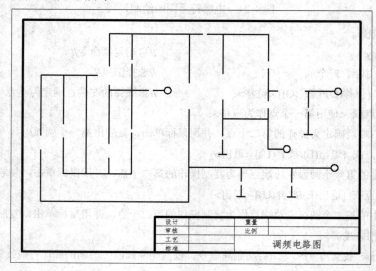

图 4-26　电路结构图

(1) 将图层切换到"电路结构"图层，单击"正交"、"对象捕捉"等按钮。观察图 4-1 可知，计入各垂导线之间的空白区域，初步估计能够绘制 11 根间距相等的垂直线，使用直线"✏"工具，先画出 1 根垂线，然后使用偏移"▨"工具进行偏移，偏移间距为 20，见图 4-27(a)。

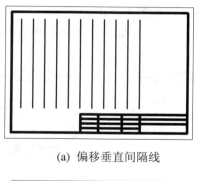

(a) 偏移垂直间隔线

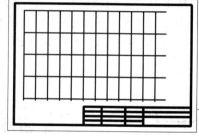

(b) 偏移水平间隔线

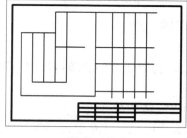

(c) 修剪网格线

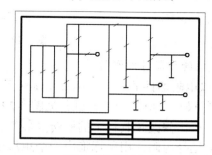

(d) 标记元器件插入位置

图 4-27　电路结构图的绘制过程

(2) 观察图 4-1 可知，计入水平导线之间的不连续区域，初步估计能够绘制 4 根间距相等的水平线，使用直线"　"工具，先画出 1 根水平线，然后使用偏移"　"工具进行偏移，偏移间距为 38，见图 4-27(b)。

绘制图 4-27(a) 和图 4-27(b)，实际上是为图纸进行布局。

(3) 调整水平线的间距，将从上面开始数起的第 4 根水平线删除，从第五根线开始偏移，间距为 30。按照图 4-27 所示的电路结构图，用修剪"　"命令完成多余线条的修剪，修剪的电路结构图前半部分见图 4-27(c)，后半部分的修剪见图 4-27(d)。

(4) 电路结构图修剪完成后，需要调整有些水平线的间距，以便元器件的插入或移动，同时为了方便电路元器件的插入和文字标注，需要对照图 4-1，将每个器件的具体插入位置用细的斜直线标记出来，见图 4-27(d)。

8. 复制、旋转元器件图形符号

元器件图形符号绘制完成后，对照图 4-1 电路图发现，电阻、电感和电容在电路图中有的是横向放置，有的是纵向放置，为此，先复制出 3 个电阻、9 个电容、2 个二极管和 5 个电感，然后根据图 4-1 电路图旋转元器件，以便将有关元器件符号图移动到电路结构图中。

1) 复制元器件图形符号

现以电阻元件的复制为例说明元器件的复制方法，其他元件的复制可参照电阻的复制进行操作，电阻的复制过程见图 4-28。

(1) 单击修改工具栏上的复制"　"按钮，启动"复制"命令。

(2) 选择电阻。用鼠标拖出一个矩形框将电阻全部选择，并右单击，见图 4-28(a)。

(3) 指定基点。用鼠标单击电阻左侧引线的左端点，见图 4-28(b)。

(4) 指定第二点。在绘图区合适的位置单击确定第二点，然后依次单击两次，共复制出三个水平放置的电阻，见图 4-28(c)。

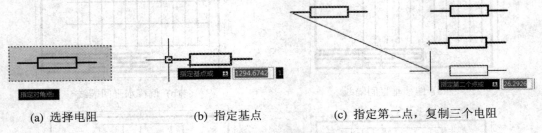

(a) 选择电阻   (b) 指定基点   (c) 指定第二点，复制三个电阻

图 4-28   电阻的复制过程

2) 旋转元器件图形符号

现以电阻器件的旋转为例说明旋转元器件的方法，其他元件的旋转可参照电阻的旋转方法进行操作，电阻的旋转过程见图 4-29。

(1) 单击修改工具栏上的旋转"⟳"按钮，启动"旋转"命令。

(2) 选择电阻。用鼠标拖出一个矩形框全部选择三个电阻，并右单击，见图 4-29(a)。

(3) 指定基点。用鼠标单击最上面电阻左侧引线的左端点，见图 4-29(b)。

(4) 输入旋转角度。逆时针旋转电阻，并输入 90° 旋转角，见图 4-29(c)。

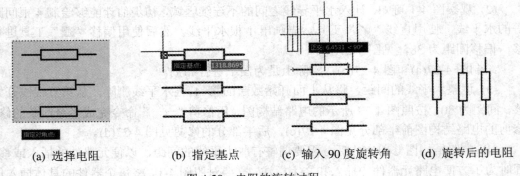

(a) 选择电阻   (b) 指定基点   (c) 输入 90 度旋转角   (d) 旋转后的电阻

图 4-29   电阻的旋转过程

9. 插入元器件图形符号

当图 4-1 所示的电路图要求的元器件图形符号绘制完成后，就可以将复制产生的图形符号移动到电路结构图的对应位置上。

1) 插入元器件符号图

现以电阻的移动为例说明元器件的移动插入过程，移动过程见图 4-30。

(1) 单击修改工具栏上的移动"✛"按钮，启动"移动"命令。

(2) 选择电阻。用鼠标拖出一个矩形框，选择旋转后的一个电阻，并右单击。

(3) 指定基点。用鼠标单击电阻上端引线的上端点，见图 4-30(a)。

(4) 指定第二点。找到 4-27(d)电路结构图左侧电路电阻位置的标记线 "/"，选择标记线与导线的交点并单击，将电阻放置在该位置，见图 4-30(b)。

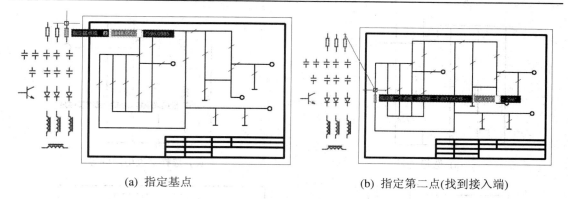

(a) 指定基点　　　　　　　　　　　　　　(b) 指定第二点(找到接入端)

图 4-30　电阻元器件图形符号的插入

需要说明的是，在三极管符号图移动插入到电路结构图的过程中，如果移动的基点选择不好，三极管的插入位置是不正确的，下面介绍三极管的插入过程。

(1) 打开状态工具栏上的"对象捕捉"和"对象追踪"等工具。

(2) 启动"移动"命令，单击修改工具栏上的移动"✥"按钮。

(3) 选择三极管。用鼠标拖出一个矩形框选择三极管，并右单击，见图 4-31(a)。

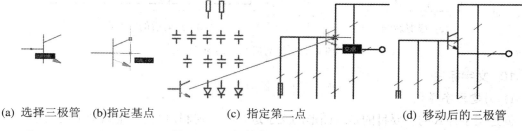

(a) 选择三极管　(b)指定基点　　　　(c) 指定第二点　　　　　(d) 移动后的三极管

图 4-31　三极管的移动/复制操作过程

(4) 捕捉基点。用鼠标先捕捉基极的右端点，再向右移动鼠标，拖出一条虚线(不能按鼠标左键)，然后将鼠标上移至集电极(或发射极)右端点，捕捉到集电极右端点后，鼠标再向下移动，会出现一个"×"形标志点，这就是要寻找的基点，单击该点，见图 4-31(b)。

(5) 捕捉移动的第二点。将选择的图形移动到电路结构图中，单击"/"形标志线与导线的交点，并单击该点，见图 4-31(c)，将三极管移动到电路图中，见图 4-31(d)。

2) 修剪多余的连接线

元器件符号图插入到电路结构图中后，由于导线均穿过了元器件图形符号，需要将穿过元器件的导线修剪掉，现以电阻的修剪为例说明修剪的过程，其他元器件的修剪与电阻的修剪基本相同，电阻的修剪操作过程如下所示。

(1) 单击修改工具栏上的"✂--"按钮，启动"修剪"命令。

(2) 选择对象。选择插入到电路结构图中的 3 个电阻中的一个电阻，同时右单击，见图 4-32(a)。

(3) 选择要修剪的对象。单击穿过电阻的导线，见图 4-32(b)，将该段导线修剪掉，修剪后的电阻见图 4-32(c)。

(4) 按照电阻修剪的方法，依次修剪所有穿过电子元器件的多余导线，见图 4-32(d)。

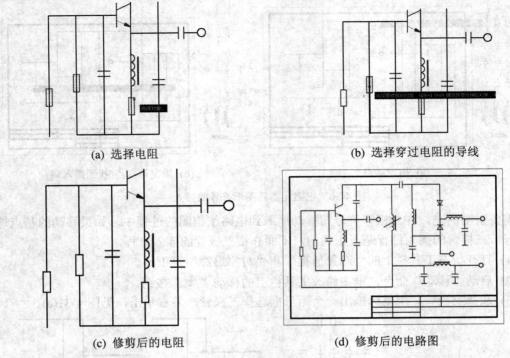

(a) 选择电阻　　　　　　　　　　(b) 选择穿过电阻的导线

(c) 修剪后的电阻　　　　　　　　(d) 修剪后的电路图

图 4-32　修剪后的电路图

10. 文字标注

1) 创建文字样式

创建文字样式的主要目的是对图形的文字进行统一定制，以便使电路图中的文字大小、字体类型保持一致，便于提高标图的效率，一张图纸可能只有一个文字样式，也可能有多个样式，这要根据图形的要求确定。文字的大小要和元器件图形符号的大小相协调，文字样式要经过几次调试才能确定。

(1) 命令启动方式。

① 菜单启动：单击"格式(O)" → "文字样式(S)"。

② 文字工具栏启动：单击文字工具栏 "**A**" 按钮。

③ 命令行窗口启动：在命令行窗口输入 style 命令。

(2) 创建文字样式。

"文字样式"命令启动后，会出现如图 4-33 所示的对话框，然后单击"新建"按钮，这时会出现如图 4-33 所示的"新建文字样式"对话框，在样式名文本框中输入"文字标注"，然后单击"确定"按钮，返回"文字样式"对话框。

(3) 设置"文字样式"对话框。

样式名称确定后，将"使用大字体"选择框的"√"去掉，即不使用大字体，这样字体下拉列表框中的汉字就能全部出现，选择长仿宋体(如果字库没有长仿宋体，就选择仿宋体)。将文字"高度"设置为 4，然后单击"置为当前"按钮，将"文字标注"样式置为当前。

图 4-33 文字样式对话框及样式创建

2) 启动"文字格式"对话框

单击绘图工具栏上的文字 ""按钮,"文字格式"对话框不会出现,这时,需要用鼠标在绘图区拖曳一个矩形区域,就会出现图 4-34 所示的"文字格式"对话框,定制的"文字标注"样式会自动出现在"文字格式"对话框中。

图 4-34 "文字格式"对话框

3) 电路图文字标注

(1) 复制文字符号。

先用"文字格式"对话框在电路图最左侧的电阻旁标注文字符号"R1 10k",然后用复制工具"🔏",将这个文字对象复制到所有元器件的旁边,便于通过编辑的方式进行修改,从而完成文字标注,这样效率会高一些,见图 4-35。

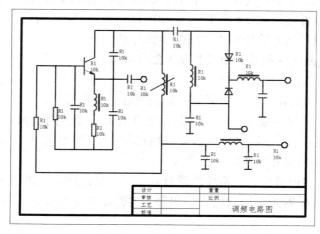

图 4-35 复制文字对象

(2) 编辑文字对象。

用鼠标双击每个元器件符号图旁边的文字标注，直接进入"文字格式"对话框，再逐个修改文本框中的内容，见图 4-36。

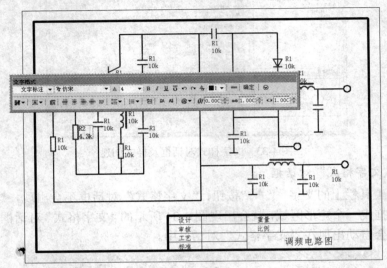

图 4-36　文字标注的编辑

11. 检查电路图

绘图工作结束后，绘图人员一定要仔细检查所绘制图形的正确性，查找其中的不足或错误，在保证图形正确性的前提下尽量做到美观匀称。

 项目小结

本项目介绍了图形对象的删除、复制、缩放、移动、旋转等修改工具栏的命令与内容，也讲解了文字工具栏中多行文字工具的使用，列出了电路图常用的元器件图形符号及其名称，并通过项目实施详细给出了用直线、矩形、正多边形、圆弧、圆、删除、复制、移动、镜像等命令绘制电阻、电容、电感、二极管和三极管、电子线路图的绘图方法及过程，以及用文字工具对元器件进行文字标注的方法和过程。本项目还介绍了使用"结构图法"绘制电路图的过程，现对该方法绘制电路图的步骤总结如下：

(1) 熟悉电子线路图的用途、组成和基本的工作原理。

(2) 创建图层，并设置图层特性。

(3) 绘制元器件图形符号，并根据需要复制或旋转图形符号。

(4) 绘制电路结构图。根据待画电路图元器件的分布及线路走向，合理确定连接导线纵向与横向线之间的间距，画出网格线，并对照原图，修剪出电路结构图，为元器件预留合适的插入位置，并标识元器件插入的位置。

(5) 插入元器件图形符号。元器件图形符号如果未做成块，应采用 AutoCAD 的移动或复制工具将图形符号插入到标识的位置，如果元器件图形符号做成了块，则直接插入到标识的位置。

(6) 修剪电路结构图，将穿过元器件的导线修剪掉。

(7) 标注元器件的文字符号。建立文字标注样式，采用复制的方法，为每个元器件复制一个已标注的文字符号，然后进行编辑修改。

(8) 检查完善电路图。

项目习题

1. 绘制如图 4-37 所示的来电警示电路图。

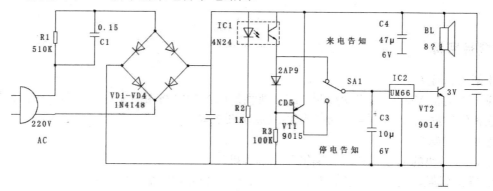

图 4-37　来电警示电路图

2. 绘制如图 4-38 所示的超声波遥控电路原理图。

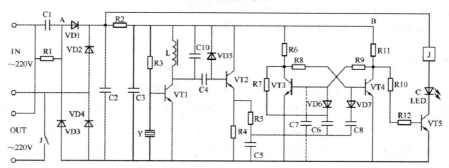

图 4-38　超声波遥控电路原理图

项目五　电气原理图识图与绘图

★ 项目目标

【能力目标】

通过电动机 Y/△降压启动控制电路、典型机床控制电路图的识图和绘图实践，初步具备识读和绘制继电器-接触器控制系统电气原理图的能力。

【知识目标】

1. 掌握图块的创建、插入、编辑和分解等操作
2. 掌握延伸、拉伸、拉长、对齐、打断、合并和分解等命令的使用
3. 熟悉文字格式对话框的使用和文字样式的创建
4. 掌握继电器、接触器、电动机等图形符号的绘制方法
5. 掌握网格定位线法绘制电路图的方法与步骤
6. 了解典型机床控制电路的组成和工作原理

★ 项目描述

微电子技术和电力电子技术的快速发展及在电气工程中的广泛应用，改变了传统继电器-接触器控制系统在电气工程中的地位，以微处理器和电力晶体管为代表的电气控制系统会逐渐取代传统的继电器-接触器控制系统，成为电气工程技术发展的主流，但继电器-接触器控制系统由于所用的元器件结构简单、价格便宜，并能满足机械设备的一般控制要求，在许多简单控制系统和一些生产设备中仍然在广泛应用，因此，熟悉继电器-接触器控制电路图的识图和绘图，仍然很有必要。

广义上说，电子线路图也属于电气原理图，但在电气工程中电气原理图是指由继电器和接触器组成的控制电路图。

本项目以简单电动机 Y/△降压启动控制线路图入手，介绍基本的识图常识，学习继电器-接触器控制电路的绘图方法和步骤。

任务 1　电动机 Y/△降压启动控制电路识图与绘图

▨ 任务目标

【能力目标】

具备识读和绘制简单交流电动机控制电路图的能力。

【知识目标】

1. 掌握图块的创建、插入、编辑和分解等操作
2. 掌握延伸、拉伸、拉长、对齐、打断、合并和分解等命令的使用
3. 熟悉多行文字工具的使用
4. 掌握继电器、接触器、电动机等图形符号的绘制方法
5. 掌握交流电动机控制电路绘制的方法和步骤

➡ **任务描述**

　　交流电动机是最常见的将电能转换为机械能的动力装置，其主电路是为电动机提供动力电源的电路，一般包括总电源开关、电源保险、交流接触器、过流保护器等，控制电路是为主电路提供服务的电路，一般包括启动电钮、关闭电钮、中间继电器和时间继电器等。本任务以图 5-1 所示的简单电动机 Y/△降压启动控制线路图入手，介绍电路元器件的绘制和网格定位线绘制电路图的方法。

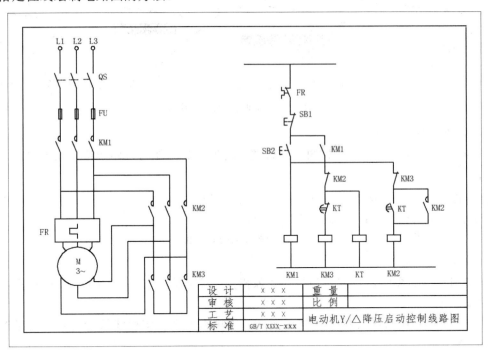

图 5-1　电动机 Y/△降压启动控制电路

 相关知识

(一) AutoCAD 绘图工具的使用

1. 延伸"⊸⁄"工具

　　使用延伸工具可将直线、圆弧、椭圆弧、非闭合多段线和射线延伸到一个边界对象，使其与边界对象相交。

　　1) 命令启动方式

　　(1) 菜单启动：单击"修改(M)"→"延伸(D)"。

　　(2) 修改工具栏启动：单击延伸"⟍⟋"按钮。

　　(3) 命令行窗口启动：在命令行窗口输入 extend 命令。

　　2) 操作实例

　　图 5-2(a)中 A 直线和 B 直线不相交，使用延伸工具可使 B 直线延伸并和 A 直线相交，操作如下：

命令：_extend	//启动延伸命令//
当前设置：投影=UCS，边=无	
选择对象或 <全部选择>：　找到 1 个	//选择 A 直线，然后右单击，见图 5-2(b)//

　　选择要延伸的对象，或按住 Shift 键选择要修剪的对象，或[栏选(F)/窗交(C)/投影(P)/边(E)/放弃(U)]：

　　　　　　　　　　　　　　//单击选择 B 直线，见图 5-2(c)，延伸后的图形见图 5-2(d)//

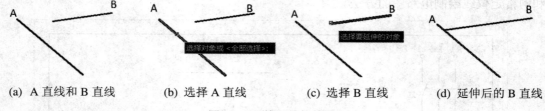

(a) A 直线和 B 直线　　　(b) 选择 A 直线　　　(c) 选择 B 直线　　　(d) 延伸后的 B 直线

图 5-2　延伸工具的使用

2. 拉伸"▧"工具

　　拉伸工具与移动"✛"工具的功能有类似之处，其功能为拉伸或移动图形对象。

　　1) 命令启动方式

　　(1) 菜单启动：单击"修改(M)"→"拉伸(H)"。

　　(2) 修改工具栏启动：单击拉伸"▧"按钮。

　　(3) 命令行窗口启动：在命令行窗口输入 stretch 命令。

　　2) 拉伸工具使用注意事项

　　在使用拉伸对象时，首先要为拉伸对象指定一个基点，然后再指定一个位移点。使用时应注意以下两点：

　　(1) 只能拉伸由直线、圆弧、椭圆弧、二维填充曲面、多段线等命令绘制的带有端点的图形对象。

　　(2) 对于没有端点的图形对象，如图块、文本、圆、椭圆、属性等，AutoCAD 在执行拉伸命令时，将根据其特征点是否包含在选择窗口内而决定是否进行移动操作。若特征点在选择窗口内，则移动对象，否则不移动对象，其操作见图 5-3。

　　3) 拉伸工具使用方式

　　拉伸命令操作有两种模式：一种是移动图形对象，一种是拉伸对象。移动操作只改变图形的位置，而拉伸操作则改变图形对象的形状。两者最大的操作区别是选择的对象不同。移动操作是选择全部图形对象，而拉伸操作只选择图形对象中的一部分。

4) 操作实例

拉伸命令除了具有移动图形的功能外，还可改变图形的尺寸，使其变长或变短，改变其形状。现以拉伸如图 5-3(a)所示的正六边形(正六边形已被打散)为例说明拉伸工具的使用，操作过程如下：

命令：　_stretch

以交叉窗口或交叉多边形选择要拉伸的对象…

选择对象：　指定对角点：　找到 1 个　　　　//选择部分图形对象，改变正六边形的形状，见图 5-3//

选择对象：

指定基点或 [位移(D)] <位移>：

指定第二个点或 <使用第一个点作为位移>：

  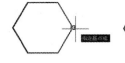 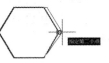

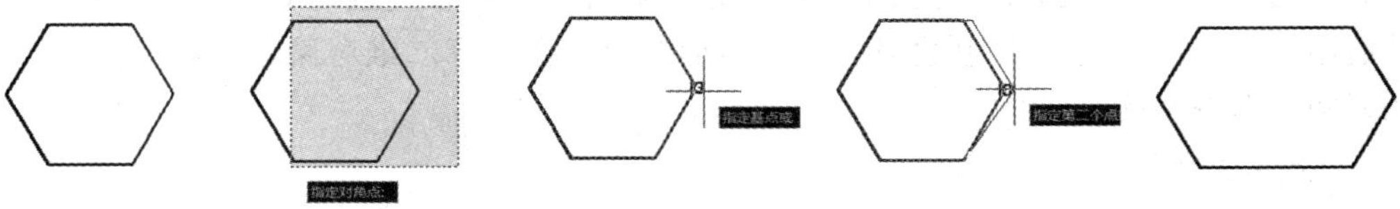

(a) 正六边形　　　(b) 选择对象　　　(c) 指定基点　　　(d) 指定第二点　　　(e) 拉伸后的图形

图 5-3　拉伸工具的使用

3. 拉长命令

拉长命令不属于修改工具栏中的命令。使用拉长命令可以改变直线和非闭合圆弧、多段线、椭圆弧的长度。

1) 命令启动方式

(1) 命令行窗口启动：在命令行窗口输入 LENGTHEN 命令。

(2) 菜单启动：单击"修改(M)"→"拉长(G)"。

2) 拉长命令使用说明

执行 LENGTHEN 命令后，系统将给出如下提示信息：

选择对象或[增量(DE)/百分数(P)/全部(T)/动态(DY)]：

该命令包含多个可选择执行的选项，这些选项的意义如下所述。

(1) 增量(DE)：可通过指定长度或角度增量值的方法来拉长或缩短对象，正值表示拉长，负值表示缩短。

(2) 百分数(P)：通过输入百分比来改变对象的长度或圆心角的大小。

(3) 全部(T)：可通过指定对象的新长度来改变其总长。

(4) 动态(DY)：用动态模式拖动对象的一个端点来改变对象的长度或角度。

3) 注意事项

拉长命令不能用于拉长块、组合的图形对象，如利用绘图工具栏中的"矩形"工具绘制的类似块图形，就不能拉伸。

4) 操作实例

现以圆弧的拉长为例说明拉长命令的使用，见图 5-4。

命令：　LENGTHEN　　　　　　　　　　　　　　　　　　//在命令窗口启动命令//

选择对象或 [增量(DE)/百分数(P)/全部(T)/动态(DY)]: p   //在命令窗口输入 p//

输入长度百分数 <120.0000>: 150   //在命令窗口输入 150//

选择要修改的对象或 [放弃(U)]:   //用鼠标单击圆弧对象，并拉长圆弧//

(a) 要拉长的圆弧   (b) 输入长度百分数   (c) 选择对象   (d) 拉长后的图形

图 5-4 拉长命令的使用

4. 对齐命令

对齐命令不属于修改工具栏中的命令。使用对齐命令可以使当前对象与其他对象对齐，它既适用于二维图形对象，也适用于三维图形对象。在对齐二维对象时，可以指定一对对齐点或两对对齐点(源点和目标点)。

1) 命令启动方式

(1) 命令行窗口启动：在命令行窗口入 align 命令。

(2) 菜单启动：单击 "修改(M)" → "三维操作(3)" → "对齐(L)"。

2) 操作实例

现以图 5-5(a)中两个矩形的对齐为例说明对齐命令的使用。

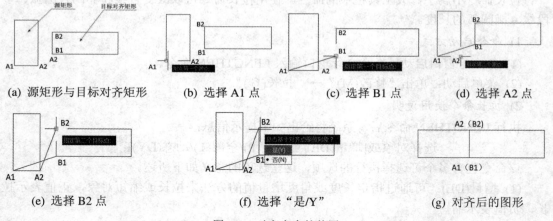

(a) 源矩形与目标对齐矩形   (b) 选择 A1 点   (c) 选择 B1 点   (d) 选择 A2 点

(e) 选择 B2 点   (f) 选择 "是/Y"   (g) 对齐后的图形

图 5-5 对齐命令的使用

命令的执行过程如下：

命令：align   //启动对齐命令//

选择对象：找到 1 个   //选择图 5-5(a)中左边的矩形//

选择对象：

指定第一个源点：   //选择图 5-5(a)左边矩形的 A1 点，见图 5-5(b)//

指定第一个目标点：   //选择图 5-5(a)右边矩形的 B1 点，见图 5-5(c)//

指定第二个源点：   //选择图 5-5(a)左边矩形的 A2 点，见图 5-5(d)//

指定第二个目标点：   //选择图 5-5(a)右边矩形的 B2 点，见图 5-5(e)//

指定第三个源点或 <继续>:

是否基于对齐点缩放对象？[是(Y)/否(N)] <否>： Y　　　　　　　//选择"是"，输入 Y//

5. 打断 "⬜" 工具

在绘图过程中，有时需要将连续的图形截断成一部分或几部分，使图形对象不再连续或者封闭。能够实现这样功能的工具有：打断于点和打断。两个工具的使用虽然都能将连续图形对象打断，但在使用上是有区别的：打断于点工具需要在图形对象上指定一个打断点，每次将一个图形对象打断成两部分，而打断工具需要在图形对象上指定两个不同的打断点，将两个打断点之间的图形删除。本项目只对打断工具进行介绍。

1) 命令启动方式

(1) 命令行窗口启动：在命令行窗口入 break 命令。

(2) 菜单启动：单击"修改(M)"→"打断(K)"。

(3) 工具栏启动：单击修改工具栏上的打断 "⬜" 按钮。

2) 操作实例

将图 5-6(a)中的圆打断，使其不再封闭和连续。在使用"打断"工具时，要将状态工具栏上的"对象捕捉"工具关闭，以免捕捉到特征点上，具体的操作步骤如下：

命令： _break 选择对象：　　　　　　　//选择对象，单击圆周确定第一个打断点//

指定第二个打断点 或 [第一点(F)]： <对象捕捉 关>　//单击圆周确定第二个打断点//

(a) 要打断的圆　　(b) 选择对象并确定第一个打断点　(c) 确定第二个打断点　(d) 打断后的图形

图 5-6　打断工具的使用

6. 合并 "➼" 工具

如果需要将某一间断图形上的两个部分合并成一个图形对象，可用合并工具完成，合并操作是打断操作的逆向操作。合并的图形对象是开放的直线、圆弧、椭圆弧、多段线或者样条曲线，而且合并的条件比较苛刻，合并直线时，两条直线必须在同一条直线上，合并圆弧时，两断圆弧的半径和圆心必须相同，其他图形的合并是比较困难的，这是用户应该注意的问题。

1) 命令启动方式

(1) 命令行窗口启动：在命令行窗口入 join 命令。

(2) 菜单启动：单击"修改(M)"→"合并(J)"。

(3) 工具栏启动：单击修改工具栏上的合并 "➼" 按钮。

2) 操作实例

现以两段圆心相同、半径相同的圆弧合并为一段圆弧为例来说明合并工具的使用，其操作过程见图 5-7。

命令：　_join 选择源对象：　　　　　　　//单击上半段圆弧(不能右单击)，见图 5-7(a)//

选择圆弧，以合并到源或进行 [闭合(L)]：

选择要合并到源的圆弧：　　找到 1 个　　//单击下半段圆弧后右单击，见图 5-7(b)//

已将 1 个圆弧合并到源　　　　　　　　//合并后的圆弧见图 5-7(c)//

 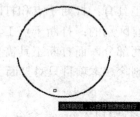 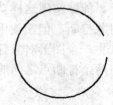

(a) 选择一段圆弧　　　　　　(b) 选择另外一段圆弧　　　　　　(c) 合并后的圆弧

图 5-7　合并工具的使用

　　注意：当两段圆弧均被选择后，选择第一段弧时，不能右单击，最后一步时右单击进行确定。

7. 分解 " " 工具

多线段、标注、图案填充和块等组合体是整体性图形对象，分解工具可将它们转变为单个的图形元素，以便对单个的图形元素进行编辑，该工具在块操作中有较多的应用。

1) 命令启动方式

(1) 命令窗口启动：在命令行窗口入 explode 命令。

(2) 菜单启动：单击 "修改(M)" → "分解(X)"。

(3) 工具栏启动：单击修改工具栏上的分解 " " 按钮。

2) 操作实例

现以填充的图案为例说明分解工具的使用。填充图案是一个由多个直线段组合而成的整体图形，正常情况下不能对图案中的每个线段进行编辑，使用分解工具可将这个图案打散，就可以对每段线进行编辑了，具体操作见图 5-8。

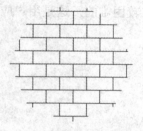 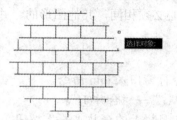 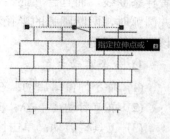

(a) 整体性图案　　　　(b) 选择填充图案并分解　　　　(c) 分解后的图案可进行编辑

图 5-8　分解工具的使用

命令：　_explode

选择对象：　指定对角点：　找到 1 个

选择对象：

整体性图案被分解后，可以对其中的图形对象单独编辑，如移动、复制、删除等。具有整体性特点的图形还有：利用绘图工具栏上"正多边形"和"矩形"工具绘制的图形。

(二) 图块的创建、插入、编辑和分解

在电气图的绘制中常常用到形状和大小相同的同类元器件，为了减少元器件图形符号的重复绘制，提高绘图的质量和效率，AutoCAD 软件提供了块工具，块在绘制电路图中有着重要的作用。

块由一个或多个图形对象组合而成，是一个整体性图形对象。块定义是通过"创建块"工具来实现的，该工具把选中的基本图形元素生成一个整体，系统还提供块的分解操作，功能和"创建块"相反。下面以熔断器块的创建、插入、编辑和分解为例，详细展开"块"的常用操作介绍。

1. 创建块

1) "块定义"对话框的启动方式

有三种方式可以打开如图 5-9 所示的"块定义"对话框：

(1) 命令行窗口启动：命令行输入 block，按 Enter 键确认。

(2) 菜单启动：单击"绘图(D)"→"块(<u>K</u>)"→"创建(<u>M</u>)"。

(3) 工具栏启动：单击"绘图"工具栏上的创建块""按钮。

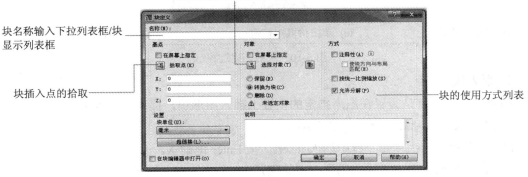

图 5-9　"块定义"对话框

2) 创建块的步骤

(1) 绘制熔断器，熔断器见图 5-10(a)。

(2) 单击创建块""按钮，启动"块定义"对话框，如图 5-10(b)所示。

(3) 在"块定义"对话框的"名称"下拉列表框中输入块的名称"熔断器"，见图 5-10(b)。

(4) 单击"块定义"对话框中的"选择对象(<u>T</u>)"按钮后，返回绘图区，选择熔断器图形符号并右单击，见图 5-10(c)和图 5-10(d)，然后返回图 5-10(e)所示的"块定义"对话框。

(5) 单击"块定义"对话框上的"拾取点(<u>K</u>)"按钮，返回绘图区，单击熔断器引线的上端点(即拾取该点)，见图 5-10(f)。拾取点的作用就是要为插入块做准备，块插入时，鼠

标十字形中心点和拾取点重合，以便将块插入到电路中确定的位置，所以在创建块时，要注意这个问题。

　　(6) "拾取点"操作完成后，返回"块定义"对话框，然后再单击"块定义"对话框中的"确定"按钮，完成块的创建。

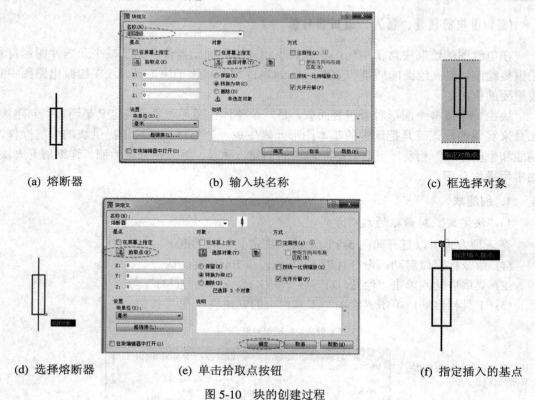

　　(a) 熔断器　　　　　　　　(b) 输入块名称　　　　　　　　(c) 框选择对象

　　(d) 选择熔断器　　　　　　(e) 单击拾取点按钮　　　　　　(f) 指定插入的基点

图 5-10　块的创建过程

2. 插入块

创建块的目的就是为了在图形指定的位置上插入图形块，提高绘图效率。

1) "插入块"对话框命令启动方式

(1) 命令行启动：在命令行中输入 insert，按 Enter 键确认。

(2) 菜单启动：单击"插入(I)"→"块(B)"。

(3) 工具栏启动：单击"绘图"工具栏上的插入块"🔲"按钮。

2) 插入块的步骤

(1) 绘制简单的电路，便于下一步插入"熔断器"块，见图 5-11(a)。

(2) 单击插入块"🔲"按钮，启动"插入"对话框，如图 5-11(b)所示。

(3) 在"插入"对话框的"名称"下拉列表框中选择名称为"熔断器"的块，见图 5-11(b)。

(4) 单击"插入"对话框的"确定"按钮，回到绘图区，这时出现了待插入的"熔断器"块，并提示指定插入点，见图 5-11(c)。

(5) 单击图 5-11(a)电路图中指定的块插入位置，完成了块插入，见图 5-11(d)。插入块后的电路见图 5-11(e)。

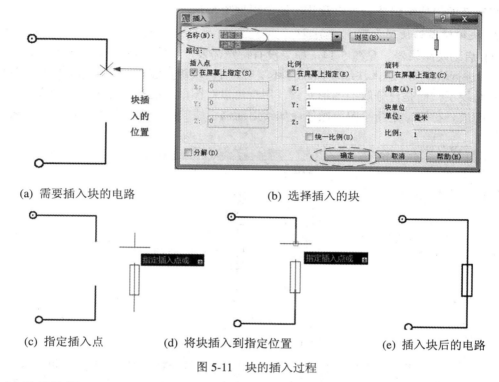

(a) 需要插入块的电路　　　　　　　　　(b) 选择插入的块

(c) 指定插入点　　　(d) 将块插入到指定位置　　　(e) 插入块后的电路

图 5-11　块的插入过程

3. 块的编辑

有时创建的块，从形状上、比例上不协调，或者有错误，这时需要对块进行编辑，而块是整体性图形，在绘图区对组成块的图形元素不能进行编辑，这就需要"块编辑器"来完成操作。

1) "块编辑器"启动方式

(1) 在命令行输入 bedit，按 Enter 键确认，这样会出现如图 5-12 所示的"编辑块定义"对话框，双击要编辑的块，本例中双击"熔断器"块，可启动"块编辑器"窗口。

(2) 先单击要编辑的块，然后右单击，弹出快捷菜单，选择子菜单"块编辑器"，可启动"块编辑器"窗口，见图 5-13。

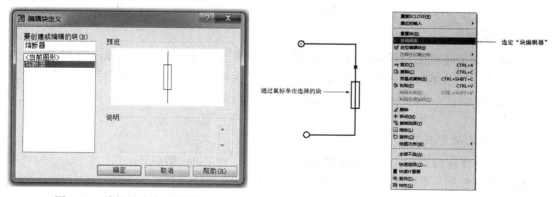

图 5-12　编辑块定义对话框　　　　　　　图 5-13　块编辑器的快捷菜单启动

启动后的"块编辑器"窗口及其功能说明见图 5-14。

2) 块编辑器的使用步骤

(1) 启动块编辑器。见图 5-14，如果没有特殊需要，可将"块编写选项板"关闭。

(2) 进行块编辑。进入块编辑器工作环境后，可对块进行编辑。处于块编辑器中的"块"已经不是块了，而是已分解的图形元素，用户可以对图形中的每个元素进行选择、删除、移动、缩放、拉伸、重新绘图等操作，如给熔断器引线的两个端点画接线端子，如图 5-14 所示。

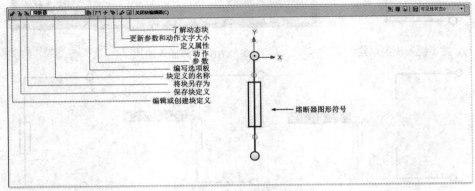

图 5-14　块编辑器窗口及说明

(3) 关闭块编辑器。当块编辑完成后，单击"块编辑器"窗口中的"关闭块编辑器"按钮，出现如图 5-15 所示的对话框，单击"是"按钮，将修改后的块进行保存，并离开块编辑器工作环境，回到 CAD 绘图区中，编辑后的熔断器块见图 5-16。

图 5-15　块保存对话框　　　　　　　　　　　　　图 5-16　编辑后的块

4. 分解块

分解块是创建块的反操作。在电气制图中，有些元器件外形基本相似，可将已创建的块分解，然后在分解后的图形上稍加改动，就成了另外一个元器件的图形符号，有利于提高绘图效率。使用分解" 🔲 "工具可以将所选的块分解成单个图形对象，即恢复块定义以前的状态。

1) 命令启动方式

(1) 命令行窗口启动：在命令行中输入 explode，按 Enter 键确认。

(2) 菜单启动：单击"修改(M)" → "分解(X)"。

(3) 工具栏启动：单击修改工具栏上的分解" 🔲 "按钮。

2) 操作实例

将图 5-17(a)的熔断器块分解，然后对穿过熔断器的直线(熔断丝)进行修剪，这样熔断器的图形符号就变成了电阻的图形符号，具体操作如下：

(1) 启动分解"▓"工具。

(2) 单击"熔断器"块，然后右单击分解块，见图 5-17(a)。

(3) 单击修改工具栏上的修剪"━/━"按钮。

(4) 单击选择矩形的两个水平短边，右单击。

(5) 单击选择矩形中央的直线，将其修剪，见图 5-17(b)。

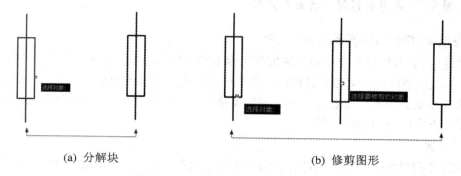

(a) 分解块　　　　　　　　　　　　　　　(b) 修剪图形

图 5-17　块的分解与创建新的图形符号

(三) "对象捕捉追踪"工具的应用

有关"对象追踪"内容虽然已在项目二中进行了介绍，但在教学中发现，该工具的使用不会引起学生的注意，需要在本项目中进行强调。

"对象捕捉追踪"工具在电气图的绘制中有着重要的使用，特别是在确定某些特殊点的位置时，非常有用。如要在矩形中心点画出一个圆，就需要找到矩形的中心位置，一般情况下，要通过画出矩形的对角线才能找出矩形的中心点位置，如果采用"对象捕捉追踪"工具，则可直接用鼠标捕捉矩形的中心点，然后直接将圆心的位置指定到矩形的中心位置，即可画圆了。

使用"对象捕捉追踪"工具的具体操作如下：

(1) 单击矩形"▭"按钮，画出一个长 50、宽 40 的矩形，见图 5-18(a)。

(2) 单击圆"◎"按钮，同时将状态工具栏上的"对象捕捉"和"对象追踪"等按钮打开。

(3) 用鼠标在矩形的一个长边上移动，捕捉到中点，然后移动鼠标到矩形的另外一个长边捕捉中点，这样会出现一条点状的辅助线，见图 5-18(b)。

(4) 用鼠标捕捉矩形宽边上的一个中点，并向另外一个宽边的中点移动，会出现一条点状的辅助线，见图 5-18(c)，在鼠标移动的过程中，会在矩形的中心位置同时出现两条相交的点状辅助线，也在矩形中心位置出现了"×"字形标记，说明捕捉到了矩形的中心点位置，见图 5-18(d)。

(5) 在矩形中心点"×"字形标记位置单击，画一个半径为 15 的圆，见图 5-18(e)。

图 5-18 "对象追踪"工具的使用

(a) 指定圆心的位置；(b) 捕捉矩形长边的中点位置；(c) 捕捉矩形短边的中点位置；

(d) 捕捉矩形的中心点位置；(e) 在矩形中心点处画圆

(四) 继电器-接触器控制系统简要介绍

1. 继电器-接触器控制系统所用电器

继电器-接触器控制系统中所用的控制电器多属于低压电器。低压电器是指电压在 500 V 以下，用来接通或断开电路，以控制、调节和保护用电设备的电器。继电器-接触器控制系统中的主要电器设备是接触器、继电器和断路器，还有主令电器和一些保护装置。下面简单介绍一下它们的功能和作用。

1) 接触器

接触器是利用电磁力使开关打开或闭合的电器元件，用于频繁地接通和分断(每小时高达 1500 次)交、直流主回路(如电动机)，具有低压释放的保护性能，体积小，工作可靠，机械寿命达 2000 万次，电寿命达 200 万次。

继电器是控制与保护电路中用作信号转换的电器元件，具有输入电路(感应元件)和输出电路(执行元件)，当感应元件中的输入量(如电流、电压、温度、压力等)变化到某一定值时继电器动作，执行元件便接通和断开控制回路。继电器的种类很多，按它反映信号的种类可分为电流、电压、速度、压力等继电器及热继电器和中间继电器。

2) 断路器

断路器是用来分配电能，使异步电动机不频繁地启动，对电源线路及电动机等实行保护的电器。发生严重的过载或短路及欠电压等故障时，断路器能自动切断电路，功能相当于熔断器式断路器与过流、欠压、热继电器等的组合。

3) 主令电器

主令电器是用来切换控制线路，改变设备工作状态的电器元件，可以直接作用于控制电路，也可以通过电磁式电器的转换对电路实施控制。机床上最常见的主令电器为按钮开关，也就是"按钮"。此外，还有万能转换开关、行程开关、接近开关、光电开关、凸轮控制器等。

4) 常用的保护装置

常用的保护装置有短路保护、长期过载保护、失压保护等。短路保护元件有熔断器、过电流继电器、自动空气开关等。长期过载的保护装置多用的是热继电器等。

2. 继电器-接触器控制电路的基本组成

从电路功能上看，继电器—接触器控制电路一般包括主电路、控制电路、信号指示电路和保护电路四部分。

1) 主电路

主电路是设备驱动电路，包括从电源到用电设备的电路，是强电流通过的部分。

2) 控制电路

控制电路是由按钮、接触器和继电器的线圈以及各种电器的常开、常闭触点等组合而成的控制逻辑电路，实现所需要的控制功能，是弱电流通过的部分。

3) 信号指示电路

信号指示电路为控制电路的运行状态提供视觉显示，对运行电器的状态进行监视。

4) 保护电路

通常信号指示电路和保护电路是和控制电路融合在一起的，所以从电路结构上来看主要分为两大部分，即主电路部分和控制线路(包括信号指示和保护)，该电路主要对用电设备及电路中的器件进行过流和过压保护。

 任务实施

(一) Y/△降压启动控制电路识图

图 5-1 是一种常用的 Y/△降压启动控制线路。启动时 KM1、KM3 通电，电动机接成星形。经时间继电器 KT 延时后，转速上升到接近额定转速时，KM3 断电，KM2 通电，电动机接成三角形，进入稳定运行状态。控制线路的主电路保护元件由熔断器 FU 作短路保护，热继电器 FR 为电动机提供过载保护。

1. 电路组成

主电路由开关 QS，熔断器 FU，接触器 KM1、KM2、KM3 等主触点，热继电器 FR 和电动机 M 组成。控制电路由启动按钮 SB2、停止按钮 SB1、接触器 KM1、时间继电器 KT 和热继电器 FR 常闭触头组成。

2. 工作原理

按下启动按钮 SB2，接触器 KM1 线圈得电，电动机 M 接入电源。同时，时间继电器 KT 及接触器 KM3 线圈得电，接触器 KM3 常开主触点闭合，电动机 M 定子绕组在星形连接下运行。KM3 的常闭辅助触点断开，保证了接触器 KM2 不得电。时间继电器 KT 常闭延时断开触点延时断开，切断 KM3 线圈电源，其主触点断开而常闭辅助触点闭合。时间继电器 KT 的常开延时闭合触点延时闭合，接触器 KM2 线圈得电，其主触点闭合，使电动机 M 由星形启动切换为三角形运行。

线路在 KM3 与 KM2 之间设有辅助触点联锁，防止它们同时动作造成短路；此外线路转入三角连接运行后，KM2 的常闭触点断开，切除时间继电器 KT，避免 KT 线圈长时间运行而空耗电能，并延长其寿命。

(二) 绘制 Y/△降压启动控制电路图

1. 创建绘图文件

(1) 在硬盘目录"E:"(或其他根目录)中创建名称为"Y/△降压启动控制线路图"文件

夹。

（2）创建绘图文件：单击菜单"文件(F)→新建(N)"，启动"选择样板"对话框。选择"acadiso.dwt"类型，创建名称为"Drawing1.dwg"的文件。

（3）另存图形文件：单击菜单"文件(F)→另存为(A)…"，启动"图形另存为"对话框，然后单击"保存于"下拉列表框，选择硬盘根目录及要存放的文件夹，即"E："盘目录中的"Y/△降压启动控制线路图"文件夹，再打开该文件夹，在"文件名："后的文本框中，输入文件名"Y/△降压启动控制线路图"，单击"保存"按钮，即完成文件创建。

2. 创建图层

1）创建图层

根据识图结果，图 5-1 电路图由图框与标题栏、电路图和标注三部分组成，电路可分解为主电路和控制电路，图层创建步骤如下：

（1）单击工具栏上的图层特性管理器"🥞"按钮可启动"图层特性管理器"。

（2）单击新建图层"🧹"按钮，创建了名称为"图层 1"的图层，单击"图层 1"名称栏，将"图层 1"重新命名为"图框与标题栏"，同理可创建"元器件"、"导线连接"、"辅助线"、"文字标注"等图层，具体见图 5-19。

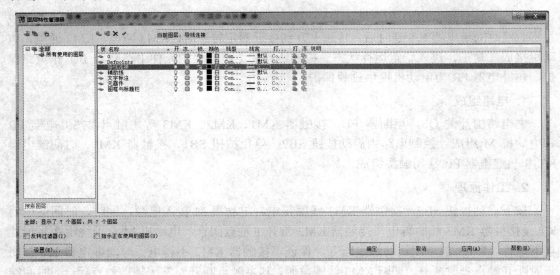

图 5-19　图层创建与特性设置

2）设置图层特性

"图框与标题栏"图层的设置。图框线分内边框和外边框，内边框为粗实线，外边框为细实线。线型设置为连续线，线宽统一设定为 0.5 mm，图层颜色设置为黑色。

"元器件"、"导线连接"图层的线型初步设置为"continuous"，即连续线，线宽设置为 0.3 mm。

"文字标注"图层的线型为连续线，线宽可不设置，颜色选择为黑色。

3. 绘制图框与标题栏

将"标题栏与图框"图层置为当前，打开事先绘制好的"标题栏与图框.dwg"文件(项目四中已绘制好的图框与标题栏),将该文件中的 A4 幅面图框和标题栏复制到"标题栏与图框"图层中,这样便完成了图框与标题栏的绘制,见图 5-20。如果没有事先绘制好的图框与标题栏,请参照项目三和项目四的有关内容绘制。

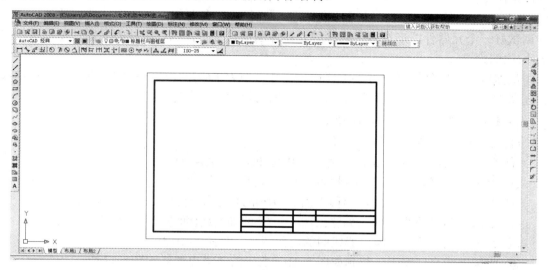

图 5-20　复制到"图框与标题栏"图层中的标题栏与图框

4. 项目所涉及的元器件图形符号

项目所用的元器件图形符号及文字符号见表 5-1。

表 5-1　元器件图形符号及文字符号

名称	图形符号				字母符号	名称	图形符号		字母符号
三相异步电动机	M 3~				M	常开按钮			SB
三相电源总开关					QK	常闭按钮			SB
接触器	常开辅助触点	主触点	常闭辅助触点	线圈	KM	热继电器	热继电器线圈	热继电器触点	FR
时间继电器	常开延时触点		常闭延时触点		KT	熔断器			FU

5. 元器件图形符号的绘制

　　任何复杂的电路都是由元器件和连接线组成的，绘制规范和美观的元器件图形符号是绘制电路图的基础。绘制元器件时，首先要根据图纸和电路图的大小确定元器件的绘图比例(大小)，其次绘制元器件时，要相互参照，确保元器件之间大小协调。其方法是：绘制并调试好一个元器件图形符号，后续的元器件图形符号将参照已画好的元器件图形符号的大小(比例)绘制。

　　虽然电气元器件图形符号不需要标注尺寸，但为了画出比较美观的图形符号，在本项目元器件图形符号的绘制过程图中都标出了辅助尺寸，供参考。

　　1) 热继电器线圈的绘制与块创建

　　(1) 热继电器线圈图形符号的绘制。

　　① 单击"▭"矩形按钮，画出一个长为 26、宽为 14 的矩形，见图 5-21(a)。

　　② 单击直线"╱"按钮，绘制如图 5-21(b)所示的辅助线。

　　③ 单击偏移"▱"按钮，偏移出图 5-21(c)的辅助线(标注尺寸的辅助线)。

　　④ 单击偏移"▱"按钮，偏移出图 5-21(d)的辅助线(标注尺寸的辅助线)。

　　⑤ 在辅助线上绘制热继电器线圈的内部图形，见图 5-21(d)。

　　⑥ 将辅助线全部删除，得到如图 5-21(e)所示的热继电器线圈图形符号。

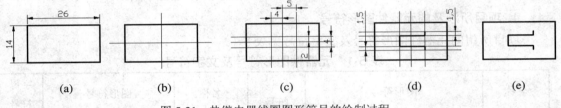

图 5-21　热继电器线圈图形符号的绘制过程

　　(2) 创建热继电器线圈块。

　　① 单击创建块"▯"按钮，启动"块定义"对话框，在"名称"下拉列表框中输入块的名称"热继电器线圈"，见图 5-22(a)。

　　② 单击"块定义"对话框中的"选择对象"按钮，对话框关闭，并返回到绘图区，用鼠标拖出一个矩形框，将热继电器线圈图形全部置于矩形框中，单击完成对象选择，见图 5-22(b)，接着右单击，返回"块定义"对话框。

　　③ 打开"对象捕捉"和"对象追踪"等状态栏工具按钮。

　　④ 单击"块定义"对话框上的"拾取点"按钮，对话框关闭，并返回到绘图区确定"插入基点"。为了捕捉到热继电器线圈中心点，用鼠标在热继电器线圈矩形长边、短边的中点处分别进行上下移动和左右移动，拖出两条相互垂直的点状追踪线，两条追踪线的交点就是要确定的"插入基点"，见图 5-22(c)，单击该点完成"拾取点"操作，同时返回到"块定义"对话框。

　　⑤ 单击"块定义"对话框上的"确定"按钮，见图 5-22(d)，对话框关闭，并返回绘图区，即完成了块的创建。

(a) 输入块的名称

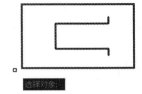

(b) 选择对象

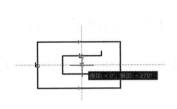

(c) 拾取点

(d) 单击"确定"按钮

图 5-22　热继电器线圈块的创建过程

2) 三相异步电动机图形符号的绘制与块的创建

绘制三相异步电动机图形符号时，以热继电器线圈图形符号为参照进行对比绘制。热继电器线圈的长度为 26，可基本确定三相异步电动机图形符号的长度为 12～13。

(1) 三相异步电动机图形符号绘制。

① 单击直线"／"和圆"⊙"按钮，绘制如图 5-23(a)所示的圆及辅助线。

② 单击偏移"❏"按钮，偏移出图 5-23(b)的辅助线(已标注尺寸的辅助线部分)。

③ 单击直线"／"按钮，绘制如图 5-23(c)所示的图形(粗实线部分)。

④ 单击修剪"—／—"按钮，对圆内的粗实线进行修剪，见图 5-23(d)。

⑤ 将辅助线全部删除，得到如图 5-23(e)所示的三相异步电动机图形符号。

(2) 三相异步电动机图形符号块的创建同热继电器线圈。

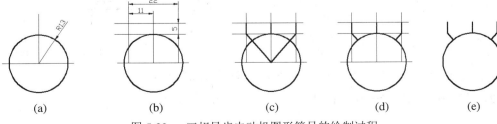

(a)　　　　　　　(b)　　　　　　　(c)　　　　　　　(d)　　　　　　　(e)

图 5-23　三相异步电动机图形符号的绘制过程

3) 三相总电源开关图形符号的绘制与块的创建

三相电源总开关图形符号以三相异步电动机图形符号为参照，可确定长度为 22，间隔为 11。

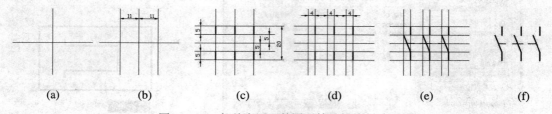

图 5-24　三相总电源开关图形符号的绘制过程

(1) 单击直线 "／" 按钮，绘制如图 5-24(a)所示的辅助线。

(2) 单击偏移 "⬚" 按钮，偏移出图 5-24(b)所示的辅助线。

(3) 单击"⬚"偏移按钮，偏移出间距为 5 的四条水平辅助线，并用粗实线绘制图 5-24(c)所示的直线。

(4) 单击偏移 "⬚" 按钮，分别从图 5-24(b)所示的三条垂直辅助线出发，向左偏移间距为 4 的辅助线，见图 5-24(d)。

(5) 用粗实线绘制图 5-24(e)所示的图形，并将全部辅助线删除，得到图 5-24(f)所示的三相总电源开关图形符号。

三相电源总开关图形符号块的创建同热继电器线圈。

4) 常开按钮图形符号的绘制与创建块

(1) 常开按钮图形符号的绘制。

① 单击复制 "❀" 按钮，复制一个已绘制好的三相电源总开关符号，并将其他两个开关删除，见图 5-25(a)和图 5-25(b)。

② 单击直线 "／" 按钮，绘制如图 5-25(b)所示的辅助线。

③ 单击偏移 "⬚" 按钮，先从图 5-25(b)所示的垂直辅助线开始，向左分别偏移间距为 5 和 8 的两条垂直辅助线，然后从图 5-25(b)所示的水平辅助线开始，上下各偏移间距为 2.5 的两条辅助线，见图 5-25(c)。

④ 单击直线 "／" 按钮，用粗实线绘制如图 5-25(d)所示的图形。

⑤ 删除图 5-25(d)中所有的辅助线，得到如图 5-25(e)所示的常开按钮图形符号。

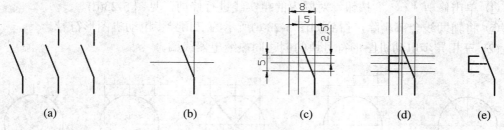

图 5-25　常开按钮图形符号的绘制过程

(2) 常开按钮图形符号块的创建同热继电器线圈。

5) 常闭按钮图形符号的绘制与块的创建

(1) 常闭按钮图形符号的绘制。

① 单击复制 "⬚" 按钮，复制一个绘制好的常开按钮图形符号，作为绘制常闭按钮的参照，然后单击直线 "✎" 按钮绘制如图 5-26(a)所示的辅助线。

② 单击镜像 "⬚" 按钮，对常开按钮的倾斜线进行镜像，见图 5-26(b)。

③ 删除左侧的倾斜线，作如图 5-26(c)所示的辅助线(已标注尺寸的垂直线)，然后单击移动 "✛" 按钮，移动图 5-26(a)左侧的图形，见图 5-26(c)。

④ 作如图 5-26(d)所示的水平辅助线(标注尺寸部分)，然后单击延伸 "⬚" 按钮，将右侧的倾斜线延伸，同时用粗实线绘制水平线，见图 5-26(d)。

⑤ 删除所有辅助线，得到如图 5-26(e)所示的常闭按钮图形符号。

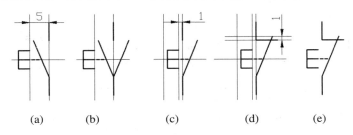

图 5-26　常闭按钮图形符号的绘制过程

(2) 常闭按钮图形符号块的创建过程与热继电器线圈相同。

6) 接触器常闭辅助触点图形符号的绘制及块的创建

(1) 接触器常闭辅助触点图形符号的绘制过程。

① 单击复制 "⬚" 按钮，复制一个绘制好的常闭按钮图形符号，作为绘制接触器常闭辅助触点图形符号的参照，见图 5-27(a)。

② 单击删除 "⬚" 按钮，删除图 5-27(a)左侧的图形，得到如图 5-27(b)所示的接触器常闭辅助触点图形符号。

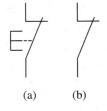

图 5-27　常闭触点图形符号的绘制过程

(2) 常闭辅助触点符号块的创建同热继电器线圈。

7) 接触器常开辅助触点图形符号的绘制及创建块

(1) 接触器常开辅助触点图形符号的绘制过程。

① 单击复制 "⬚" 按钮，复制一个绘制好的常开按钮图形符号，作为绘制接触器常开辅助触点图形符号的参照。

② 单击删除 "⬚" 按钮，删除图 5-28(a)左侧的图形，得到图 5-28(b)所示的接触器常开辅助触点图形符号。

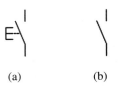

图 5-28　常开辅助触点图形符号的绘制过程

(2) 接触器常开辅助触点图形符号块的创建同热继电器线圈。

8) 接触器主触点图形符号的绘制及块的创建

(1) 接触器主触点图形符号的绘制过程。

① 单击复制"🐾"按钮，复制一个绘制好的常开辅助触点图形符号，作为绘制接触器主触点图形符号的参照，见图 5-29(a)。

② 单击直线"✏"按钮，绘制图 5-29(b)所示的辅助线，从水平辅助线开始依次向上偏移间距为 4 的 1 条水平辅助线，从垂直辅助线开始向左偏移间距为 4 的辅助线，见图 5-29(c)。

③ 单击偏移"🔩"按钮，从图 5-29(b)所示的水平辅助线开始，向上向下各偏移间距为 2.5 的水平辅助线，见图 5-29(d)。

④ 单击圆弧"⌒"按钮，在图 5-29(d)辅助线的位置绘制圆弧，见图 5-29(e)。

⑤ 删除所有辅助线，得到图 5-29(f)所示的接触器主触点图形符号。

(2) 接触器主触点块的创建过程同热继电器线圈块。

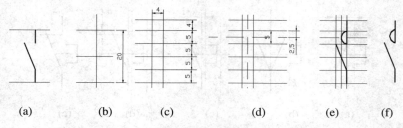

(a)　　　　(b)　　　　(c)　　　　(d)　　　　(e)　　　　(f)

图 5-29　　接触器主触点图形符号的绘制过程

9) 接触器线圈图形符号绘制及块的创建

(1) 线圈图形符号的绘制与创建块。

① 单击复制"🐾"按钮，复制一个接触器常开辅助触点图形符号到图 5-30(a)中，作为绘制接触器线圈的参照。

② 单击直线"✏"按钮，绘制如图 5-30(b)所示的辅助线。

③ 单击偏移"🔩"按钮，先从图 5-30(b)的垂直辅助线开始向左向右各偏移间距为 10 的辅助线，然后从图 5-30(b)中的一条水平辅助线开始，偏移产生 3 条间距为 5 的水平辅助线，见图 5-30(c)。

④ 在图 5-30(c)上用粗实线画出接触器线圈的外部轮廓，见图 5-30(d)，然后删除全部的辅助线，得到图 5-30(e)所示的接触器线圈图形符号。

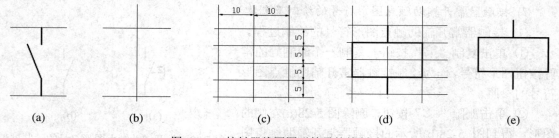

(a)　　　　　　(b)　　　　　　(c)　　　　　　(d)　　　　　　(e)

图 5-30　　接触器线圈图形符号的绘制过程

(2) 接触器线圈块的创建同热继电器线圈。

10) 热继电器触点图形符号的绘制与块的创建

(1) 热继电器触点图形符号的绘制过程。

① 单击复制"🐾"按钮，复制一个绘制好的接触器常闭辅助触点图形符号，作为绘制热继电器线圈图形符号的参照，并绘制辅助线，见图 5-31(a)。

② 单击镜像"◭"按钮，以垂直辅助线为镜像线，镜像位于垂直辅助线右侧的接触器常闭辅助触点图形，然后删除右侧的图形符号，并绘制图 5-31(b)所示的辅助线。

③ 单击直线"╱"按钮，绘制图 5-31(b)所示的辅助线。

④ 单击偏移"🖴"按钮，先从图 5-31(b)的垂直辅助线开始，依次偏移间距为 7 和 3 的两条垂直辅助线，然后从 5-33(b)的中间水平辅助线开始，上下各偏移间距为 2.5 的水平辅助线(虚线部分)，再分别从图 5-31(b)最上面和最下面的水平辅助线开始，向下偏移间距为 4 和 5 的两条水平辅助线，见图 5-31(c)。

⑤ 在图 5-31(d)中，用粗实线绘制热继电器触点图形符号左侧的轮廓，并删除辅助线，得到图 5-31(e)所示图形。

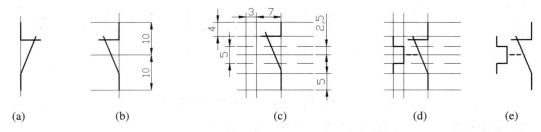

(a)   (b)   (c)   (d)   (e)

图 5-31   热继电器触点图形符号的绘制过程

(2) 热继电器触点块的创建过程同热继电器线圈。

11) 时间继电器常开触点图形符号的绘制及块的创建

(1) 时间继电器常开触点图形符号的绘制过程。

① 单击复制"🐾"按钮，复制绘制好的接触器常开辅助触点图形符号，并绘制辅助线，见图 5-32(a)。

② 单击偏移"🖴"按钮，先从图 5-32(a)的垂直辅助线开始，依次偏移间距为 5 和 3 的两条垂直辅助线，然后从图 5-32(a)的中间水平辅助线开始，上下各偏移间距为 2.5 的水平辅助线，见图 5-32(b)。

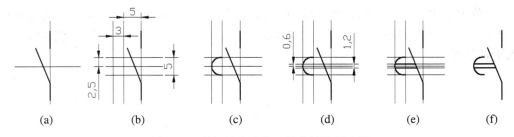

(a)   (b)   (c)   (d)   (e)   (f)

图 5-32   时间继电器常开触点的绘制过程

③ 单击圆弧"╭"按钮，绘制如图 5-32(c)所示的圆弧。

④ 单击偏移"🖴"按钮，从图 5-32(c)中间的水平辅助线开始，上下偏移间距为 0.6 的水平辅助线，见图 5-32(d)，然后用粗实线绘制两条水平线，见图 5-32(e)。

⑤ 单击删除"🖋"按钮，删除所有辅助线，得到图 5-32(f)所示的时间继电器常开触

点图形符号。

(2) 时间继电器常开触点创建块的过程同热继电器线圈。

12) 时间继电器常闭触点图形符号绘制及块的创建

(1) 时间继电器常闭触点图形符号的绘制过程。

① 单击复制"❄"按钮，复制绘制好的接触器常闭辅助触点图形符号，并绘制辅助线，见图 5-33(a)。

② 单击偏移"❏"按钮，先从图 5-33(a)的垂直辅助线开始，依次偏移间距为 1 和 3 的两条垂直辅助线，然后从图 5-33(a)的中间水平辅助线开始，上下各偏移间距为 2.5 的水平辅助线，见图 5-33(b)。

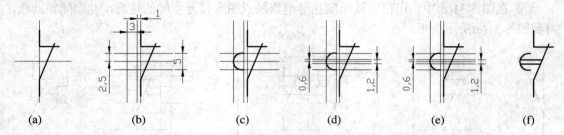

图 5-33　时间继电器常闭触点图形符号的绘制过程

③ 单击圆弧"⌒"按钮，绘制图 5-33(c)所示的圆弧。

④ 单击偏移"❏"按钮，从图 5-33(c)中间的水平辅助线开始，上下偏移间距为 0.6 的水平辅助线，见图 5-33(d)。

⑤ 在图 5-33(e)中用粗实线绘制两条水平线，单击删除"✐"按钮，删除所有辅助线，得到如图 5-33(f)所示的时间继电器常闭触点图形符号。

(2) 时间继电器常闭触点创建块过程同热继电器线圈。

13) 熔断器图形符号绘制及块的创建

(1) 熔断器图形符号的绘制过程。

① 以绘制好的接触器常闭触点图形符号为参照，确定熔断器的宽度为 20，并绘制辅助线，见图 5-34(a)。

② 单击偏移"❏"按钮，先从图 5-34(a)的垂直辅助线开始，向左向右依次偏移间距为 1.5 的两条垂直辅助线，然后从图 5-34(a)的中间水平辅助线开始，上下各偏移间距为 5 的水平辅助线，见图 5-34(b)。

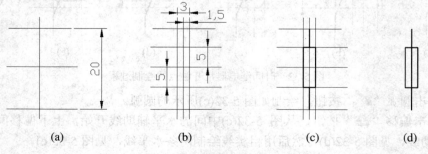

图 5-34　熔断器的绘制过程

③ 单击直线"✏"按钮，在图 5-34(c)中用粗实线绘制熔断器的轮廓。

④ 单击删除"✐"按钮，删除所有辅助线，得到如图 5-34(d)所示的熔断器符号。

(2) 熔断器块的创建过程同热继电器线圈。

> 注意：将"拾取点"选在元器件图形符号的中心位置点上，并且这个点位于元器件与连接导线所在的连接直线上，以便插入块时，能将中心点对准定位线的节点。

将上述图形符号保存在"电气元件.dwg"文件中，以便在任务 2 或后续项目中使用。

6. 图纸布局

从图 5-1 可看出，主电路和控制电路所占的长度基本接近，初步将图纸内边框一分为二，左侧为主电路绘图区，右侧为控制电路绘图区，其分区尺寸见图 5-35。

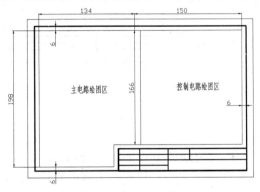

图 5-35　图纸的分区

7. 画网格定位辅助线

网格定位线用于确定元器件图形符号的位置，元器件的位置确定了，导线的连接位置也就基本确定了。绘制"网格定位辅助线"时，要将图层切换到"辅助线"图层。

1) 绘制网格定位线的纵向线

从图 5-1 看出，主电路有 6 列元件，控制电路有 5 列元件。单击直线"✏"按钮和偏移"✐"按钮，偏移产生如图 5-36 所示的网格定位线的纵向线。其中控制电路的纵向线间距为 23，偏移网格线时要注意预留合适的间隔。

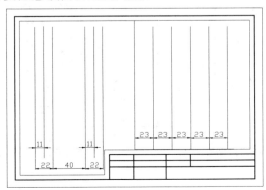

图 5-36　网格定位线的纵向线

2) 绘制网格定位线的横向线

从图 5-1 看出，主电路有 6 行元件，控制电路有 6 行元件。单击直线 "✏" 按钮和偏移 "🖉" 按钮，偏移产生图 5-37 所示的网格定位线的横向线，其中主电路每条横向线之间的间距为 23，控制电路的横向线之间的间隔除第一行间距为 21 外，其他的都为 20。

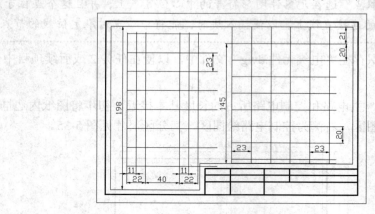

图 5-37　网格定位线

8. 插入块

1) 检验块的协调性

将创建好的块插入到网格定位线的节点上，检查元器件之间、元器件与绘图区的大小是否协调。如不协调，则需要调整大小。其方法是双击要调整的块，进入块编辑器后，再单击修改工具栏上的缩放 "▫" 按钮进行调整，见图 5-38。

2) 插入块

对照图 5-1 的电路图，将块插入到网格定位线的节点上，见图 5-39。然后检查插入点的位置是否正确，元器件之间前后左右的位置是否合理，如不合理，则要采用修改工具栏上的移动 "✥" 工具局部调整网格线的间距。

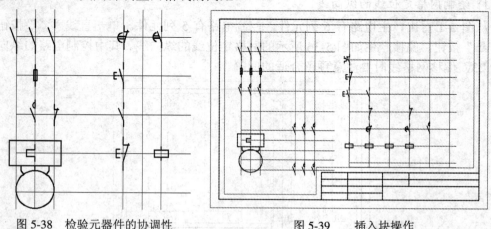

图 5-38　检验元器件的协调性　　　　　图 5-39　　插入块操作

9. 绘制连接导线

将图层切换到 "导线连接" 图层，对照图 5-1，用宽度为 0.3 mm 的连续线将各元器件连接起来，连接后的电路图见图 5-40。删除所有辅助线，并将状态工具栏上的"线宽"工具关闭后，得到如图 5-41 所示的图形。

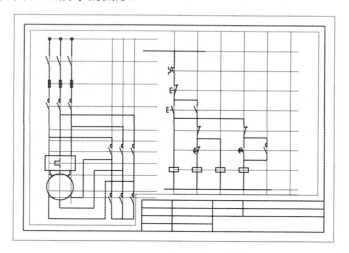

图 5-40　绘制连接导线

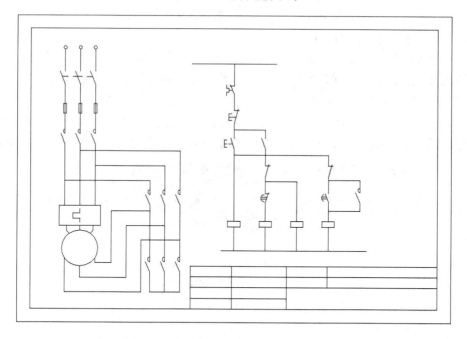

图 5-41　电动机 Y/△降压启动控制线路图

10. 文字标注

1) 创建文字样式

(1) 命令启动方式。

① 菜单启动：单击"格式(O)" → "文字样式(S)"。

② 文字工具栏启动：单击文字工具栏上的多行文字" **A** "按钮。

③ 命令行窗口启动：在命令行窗口输入 style 命令。

(2) 创建文字样式。

命令执行后，出现图 5-42 所示的"文字样式"对话框，然后单击"新建"按钮，这时会出现如图 5-42 所示的"新建文字样式"对话框，在"样式名"文本框中输入"文字标注"，然后单击"确定"按钮，返回"文字样式"对话框。

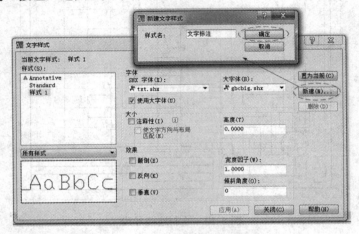

图 5-42　　"文字样式"对话框及样式创建

(3) 设置"文字样式"对话框。

将"使用大字体"选择框前的"√"去掉，即不"使用大字体"，选择仿宋体，文字"高度"设置为 4，然后单击"置为当前"按钮，将"文字标注"样式置为当前。

2) 启动"文字格式"对话框

单击绘图工具栏上的"**A**"按钮，然后按照命令行的提示，用鼠标拖出一个矩形框，启动"文字格式"对话框，见图 5-43。定制的文字样式便在"文字格式"对话框中出现。

图 5-43　　多行文字编辑工具

3) 元器件图形符号的文字标注

(1) 复制多个文字。

① 单击文字"**A**"按钮，在任意一个元器件图形符号旁边拖出一个矩形，启动"文字格式"对话框，对该元器件图形符号进行文字标注。

② 单击复制"%"按钮，将已标注的文字符号复制到其他元器件图形符号的旁边。

(2) 编辑文字对象。

用鼠标双击元器件旁边的文字符号，逐个修改各元器件图形符号旁边的文字符号，这样会直接进入图 5-44 所示的"文字格式"对话框，再修改文本框中的内容，修改完成后，单击"确定"按钮。

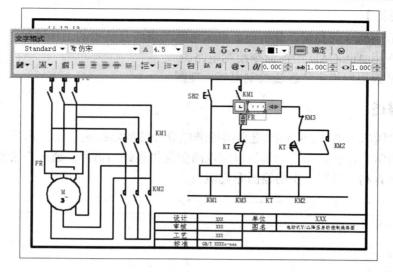

图 5-44　文字符号的编辑

(3) 调整文字符号的位置。

单击移动"✛"按钮，适当调整标注文字的位置。

(4) 书写标题栏文字。

① 单击多行文字"**A**"按钮，将第一个对角点捕捉到标题栏单元格的左上角点，再拖曳，将第二个对角点捕捉到单元格的右下角点，然后输入相应文字，如"设计"。

② 单击"文字格式"对话框上的"多行文字对正"下拉菜单，选择"正中"。

③ 单击"文字格式"对话框上的"确定"按钮。

11. 检查图形

绘图结束后，一是要检查所画电路的正确性，包括元器件在电路中的位置、导线连接、文字标注是否正确，二是要检查电路是否匀称美观，如有问题则要进行修改和完善。

 任务小结

任务 1 介绍了项目所需的 AutoCAD 绘图工具，特别是"块"的创建、插入和编辑等操作，总结了对象捕捉与对象追踪等命令的应用，详细介绍了交流电动机等常用图形符号的绘制过程和采用网格定位线进行图纸布局的方法，为绘制美观匀称的电路图，提供了一种新的方法。

任务 2　典型机床电路图识图与绘图

 任务目标

【能力目标】

具备识读与绘制复杂电气原理图的能力。

【知识目标】

1. 能够应用所学的知识，分析典型机床电路的组成及基本的工作过程
2. 综合应用 AutoCAD 绘图命令绘制电路图
3. 熟练掌握用网格定位线法绘制电气原理图

▶ **任务描述**

    T68 卧式镗床电路(见图 5-45)是典型的继电器—接触器控制电路。熟悉 T68 卧式镗床电路，能够为学生在学习和绘制其他机床电路图提供很好的借鉴。通过识读和绘制 T68 卧式镗床电路，有利于培养学生的绘图布局能力。

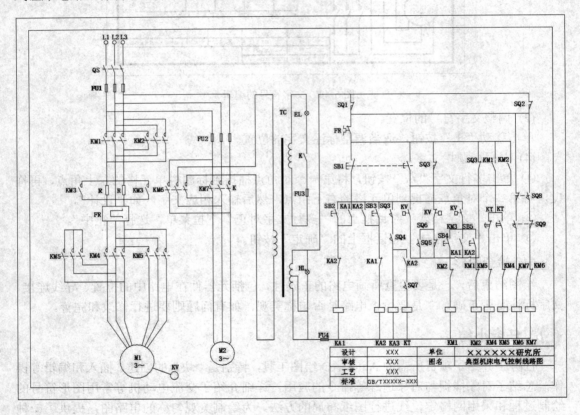

图 5-45　T68 典型机床控制电路

🔍 **任务实施**

(一) T68 典型机床控制电路识图

    T68 镗床控制电路如图 5-45 所示，分为主电路和控制电路两大部分。主电路各部分的功能介绍如图 5-46 所示，其中 M1 是带动刀具完成加工动作的主轴电动机；M2 是提供复位、定位动作的快速电动机；QS 为二级电源开关，为设备主电路及控制电路提供电源。

在图 5-47 中，M1 电动机正转时控制电路各元器件的工作状态，反转时控制电路的工作状态类似。其中 SQ1～SQ9 是限位装置对应的位置继电器，用来控制钻头、机架等移动极限位置；SB1 是停止按钮，SB2 是正转按钮，SB3 是反转按钮，SB4 和 SB5 分别是正、反转的点动按钮；KA1 和 KA2 分别是正、反转中间继电器；KS 是速度继电器；KT 是控制转向切换时间的时间继电器；KM1、KM2 是控制主电机正、反转接触器；KM3 和 KM4 是控制主电机变速的接触器，为主电机的加工动作提供两种速度；KM5、KM6 是控制快速移动电机正、反转接触器，用来使机架等快速复位；KV 是速度继电器，用于主电机的速度检测；HL 为设备运行指示灯，而 EL 为设备工作照明灯，由开关 K 控制；TC 是变压器，从主电路去电，为照明和控制电路提供工作电压。

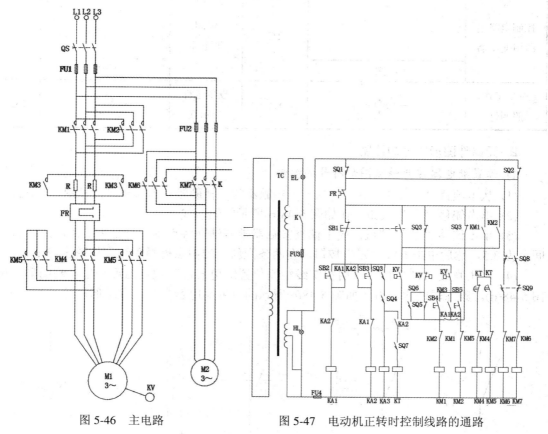

图 5-46　主电路　　　　　　　　图 5-47　电动机正转时控制线路的通路

（二）典型机床控制线路图绘制

1. 项目涉及的元器件图形符号

典型机床控制线路图所涉及的元器件图形符号除了任务 1 中"电动机 Y/△ 降压启动控制线路图"用到的以外，还有速度继电器 KV、中间继电器 KA、位置继电器 SQ、变压器 TC、照明灯 EL 或设备运行指示灯 HL、时间继电器 KT 常开延时打开触点等，具体见表 5-2。

表 5-2　　电器的图形符号及字母符号

名称	图形符号		字母符号	名称	图形符号		字母符号
位置继电器			SQ	速度继电器			KV
	常开触点	常闭触点			常开触点	常闭触点	
控制电路电源用变压器			TC	中间继电器			KA
	线圈				线圈		
设备工作照明灯	⊗		KT	设备运行指示灯	⊗		EL

2. 元器件图形符号的绘制

1) 位置继电器常开触点图形符号的绘制

(1) 从本项目"任务1"中，复制一个接触器常开辅助触点图形符号，见图 5-48(a)。

(2) 单击偏移"⬑"按钮，作如图 5-48(b)所示的辅助线。

(3) 单击偏移"⬑"按钮，向下偏移接触器常开辅助触点图形符号中的倾斜线，偏移间距为 3.5，然后单击直线"╱"按钮，在两条倾斜线的中点处画垂线，见图 5-48(c)。

(4) 单击直线"╱"按钮，用粗实线绘制位置继电器常开触点图形符号左侧图形，见图 5-48(d)。删除辅助线，得到如图 5-48(e)所示的位置继电器常开触点图形符号。

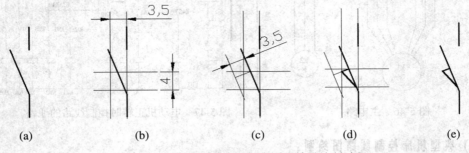

　　(a)　　　　　　　(b)　　　　　　　(c)　　　　　　　(d)　　　　　　　(e)

图 5-48　位置继电器常开触点图形符号绘制过程

2) 位置继电器常闭触点图形符号的绘制

(1) 从本项目"任务1"中，复制一个接触器常闭辅助触点符号，见图 5-49(a)。

(2) 单击直线"╱"按钮，作如图 5-49(b)所示的辅助线。

(3) 单击直线"╱"按钮，用粗实线绘制如图 5-49(c)所示的图形，并删除辅助线，得到如图 5-49(d)所示的位置继电器常开触点图形符号。

3) 速度继电器常开触点图形符号的绘制过程

(1) 从本项目"任务 1"中，复制一个接触器常开辅助触点图形符号，见图 5-50(a)。

(2) 分别单击直线"/"和偏移"⌂"按钮，作如图 5-50(b)所示的辅助线。

(3) 单击直线"/"按钮，用粗实线绘制如图 5-50(c)左侧所示的图形，并删除辅助线，得到如图 5-50(d)所示的位置继电器常开触点图形符号。

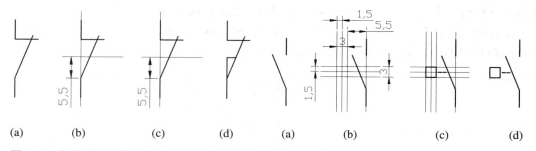

(a)　　(b)　　(c)　　(d)　　　　　　(a)　　(b)　　(c)　　(d)

图 5-49　位置继电器常闭触点符号的绘制过程　　图 5-50　速度继电器常开触点图形符号的绘制过程

4) 速度继电器常闭触点图形符号的绘制过程

(1) 从本项目"任务 1"中，复制一个接触器常闭辅助触点图形符号，见图 5-51(a)。

(2) 分别单击直线"/"和偏移"⌂"按钮，作如图 5-51(b)所示的辅助线。

(3) 单击直线"/"按钮，用粗实线绘制图 5-51(c)右侧所示的图形，并删除辅助线，得到如图 5-51(d)所示的位置继电器常开触点图形符号。

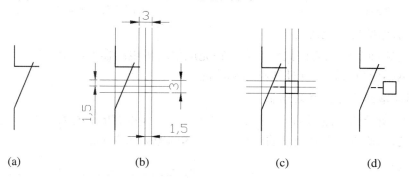

(a)　　　　　(b)　　　　　(c)　　　　　(d)

图 5-51　速度继电器常闭触点图形符号的绘制过程

其他简单的元器件图形符号的绘制，读者可尝试绘制。将绘制的元器件图形符号保存到"电气元件.dwg"文件中，以备后续项目制图使用。

3. 典型机床控制电路图的布局

1) 图纸的大小确定

图纸由图框和标题栏、电路图及文字标注三部分组成。由电路图所占的面积估计应采用 A3 图纸绘制电路图。

2) 电路图的分解

典型机床电路图可分解为主电路和控制电路两大部分，其中主电路可分为 M1 主轴电动机电路、M2 快速电动机电路，控制电路可分为变压器电路、主要控制电路等。电路分区见图 5-52。

4. 绘制网格定位线

绘制网格定位线时，将图层切换到"辅助线"图层，并将"正交"、"对象捕捉"功能按钮打开。按照图 5-52 所示的分区，依次绘制各分区的网格定位线。

1) 主轴电动机与快速电动机电路定位线的绘制

主轴电动机与快速电动机电路中元器件的中心位置基本都在一条线上，共有 7 行 15 列元件，画线时，要为连接的导线预留间隔，这样就需要 14 行 14 列左右。

制作网格时，单击偏移"⬚"按钮，以分区线为基线，向右偏移产生全部的网格线，具体间距见图 5-53，其中行距全部为 18。

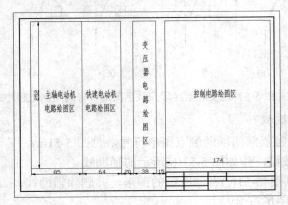

图 5-52　图纸分区　　　　　　　　图 5-53　元器件网格定位线

2) 变压器电路网格线的绘制

变压器电路涉及的元器件数量不多，在完成电动机电路器件、控制电路块插入的工作后，再绘制网格定位线，以保证线路匀称美观。

3) 控制电路网格定位线的绘制

由图 5-45 所示的电路图估计，控制电路元件及导线占有的总行数为 20，总列数为 16。单击偏移"⬚"按钮，产生全部的行与列，具体间距见图 5-53。

5. 插入块

1) 检查块的协调性

将制作的块放置到如图 5-54 所示的网格线节点上，检查块的形状及大小，如块的大小不合适，必须调整块的大小(采用缩放工具"⬚")。

2) 插入块

对照图 5-45 所示的电路图，将块插入到主电路和控制电路网格定位线相应的节点上，并检查插入的位置是否正确，同时将变压器电路绘图分区中的网格线画完整，并插入块，见图 5-54。

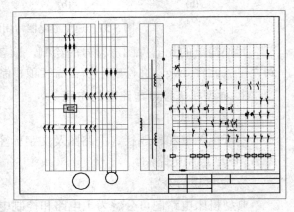

图 5-54　插入块

6. 绘制连接导线

仔细检查图 5-54 中插入块的位置是否正确及预留的导线连接间隔是否够用，如预留的导线位置间隔不够，可移动元器件的位置进行局部调整。将图层切换到"导线连接"图层中，用粗实线绘制连接导线(图层已设置线宽)，以便能和辅助线区分开来，从主轴电动机绘图区开始连线，完成元器件的导线连接，见图 5-55。

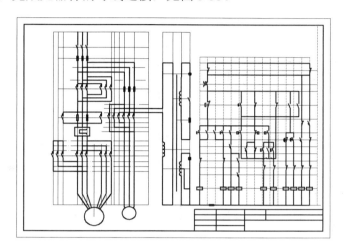

图 5-55　绘制连接导线

7. 检查和完善图形

检查连线的正确性，然后删除所有的网格辅助线，绘制的电路图见图 5-56。

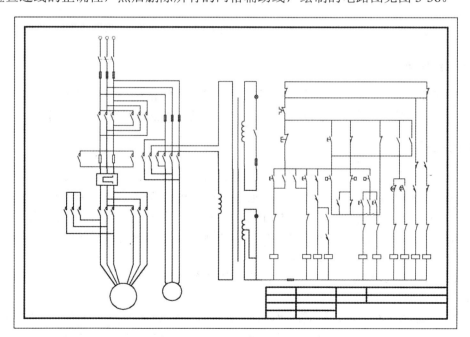

图 5-56　典型机床控制电路图

8. 进行文字标注

元器件的文字标注过程同任务 1 中"电动机 Y/△降压启动控制线路图的绘图与识图图"，标注后的电路图见图 5-57。

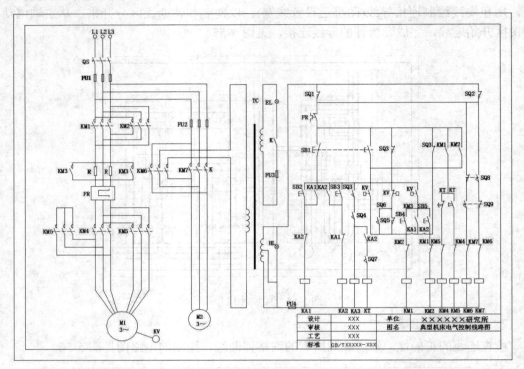

图 5-57　标注文字符号后的电路图

 任务小结

通过典型机床电路的绘图，我们可以看出：采用"网格定位线"绘图方法绘制的图形具有匀称、美观等特点，克服了以往元件摆放法、结构图法绘图的一些缺陷。

 项目小结

本项目介绍了修改工具栏中的延伸、拉伸、打断、合并、分解等绘图工具的使用，重点讲解了块的创建、插入、编辑和分解，通过电动机 Y/△降压启动控制线路图、典型机床控制电路图的绘制，重点介绍了"网格定位线"这种绘图方法，同时也介绍了绘制元器件图形符号的"相互参照法"。本项目提出的一些绘图方法，有利于绘制规范美观的电路图。采用"网格定位线"绘图的步骤如下：

(1) 认真分析所绘图形的结构、基本的组成和工作原理。

(2) 绘制元器件图形符号。

绘制元器件图形符号时，要采用"参照"法，即先绘制 2~3 个典型的元器件图形符号，然后放到图框中的绘图区进行比较，看元器件的大小是否与图纸的大小协调，然后在元器件之间比对，看元器件之间的大小是否协调，这样就可以确定出一个绘制元器件的基本比例，后续的元器件可参照前面的元器件的尺寸进行绘制，确保比例的一致性，同时还要注意在制作块时，要将拾取点尽量选在元器件的合适位置。

(3) 对电路图进行分区。

根据电路分析的情况，将电路图分解成多个单元电路，在此基础上，确定图纸的幅面(如果需要图框的就要估计图纸的幅面，不需要图框的最好先画上图框，图画好后再删除)。对图纸进行分区，每个区对应一个单元电路。单元电路是为绘图方便而划分的电路，不一定具有相应的功能。

(4) 绘制元器件网格定位辅助线。

分析电路中元器件的分布情况，估计出电路图中元器件与连接导线占有多少列、多少行，相互之间的间隔是多少，然后用 AutoCAD 的"偏移"、"修剪"、"延伸"等工具，画出网格定位辅助线。

(5) 插入块。

先将制作的元器件块插入到网格定位线节点上，检查块的大小是否协调，如不协调，则启动"块编辑器"工具进行修改，然后将元器件块逐个插入到对应的网格节点上，对元器件进行定位。

(6) 绘制连接线。

检查插入块位置的正确性，然后绘制元器件之间的连接线，如果在绘制的过程中发现元器件之间的间隔与导线占有的空间不够协调，可采用偏移"🔄"工具将相邻的网格进一步等间隔细化，或者用移动工具"✛"进行调整，以便使导线与元器件之间的位置关系比较协调。注意绘制连接线时，导线用粗实线，以便和网格定位辅助线有明显区分。

(7) 检查完善图形。

检查连接导线的正确性和元器件位置的正确性后，删除所有网格定位辅助线，完成电路图的绘制。

📗 项目习题

1. 绘制图 5-58 所示的控制电路图。

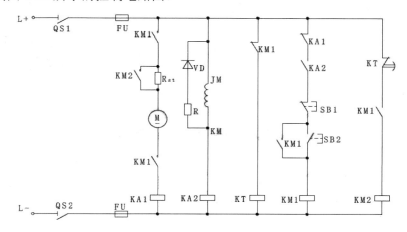

图 5-58　控制电路图

2. 绘制图 5-59 所示的桥式起重机起升凸轮机构控制电路图。

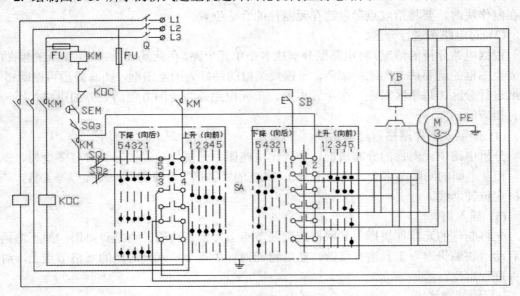

图 5-59　桥式起重机起凸轮起升机构控制电路图

3. 绘制图 5-60 所示的桥式起重机运行机构控制电路图。

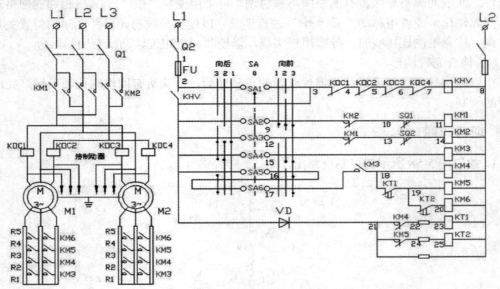

图 5-60　桥式起重机运行机构控制电路图

项目六　变配电工程图识图与绘图(一)

★ 项目目标

【能力目标】

通过识读和绘制低压配电系统电气接线图、220 kV 配电装置断面图，掌握变配电工程图常用设备、元器件的绘制及布局方法，具备该类变配电工程图的识图和绘图能力。

【知识目标】

1. 了解变配电系统电气接线图、配电装置断面图的相关知识
2. 掌握变配电装置电气接线图、断面图的绘图步骤及布局方法
4. 掌握 AutoCAD 样条曲线工具的使用
5. 掌握 AutoCAD 设计中心、工具选项板的有关功能和使用
6. 了解 AutoCAD 表格的设计与添加方法
7. 了解 AutoCAD 图形输出的有关操作

★ 项目描述

变配电工程图主要有电气接线图、二次回路电路图、平面图(布置图)、断面图、照明系统图和照明平面图。本项目简要介绍了电气接线图和断面图的基本知识，并通过电力工程"某低压配电系统电气接线图"和"220 kV 配电装置断面图"两个典型图样的绘制，掌握该类图形的绘图方法和步骤。

任务 1　低压配电系统电气接线图识图与绘图

 任务目标

【能力目标】

通过低压配电系统电气接线图的识图与绘图，掌握供配电系统的常用设备、元器件的绘制及电气接线图的布局方法，具备电气接线图的识图和绘图能力。

【知识目标】

1. 了解电气接线图的相关知识
2. 掌握电气接线图元器件图形符号的绘制
3. 掌握电气接线图的绘图过程与绘图方法

4. 掌握 AutoCAD 设计中心和工具选项板的使用

➡️ **任务描述**

　　电力系统的电气接线图主要显示该系统中发电机、变压器、母线、断路器、电力线路设备、器件及线路之间的电气接线关系，可对该系统有更细致的了解，电气接线图是电气工程图中重要的一部分。通过图 6-1 低压配电系统电气接线图的识图与绘图，掌握电力系统设备/元器件和图形的绘制方法。

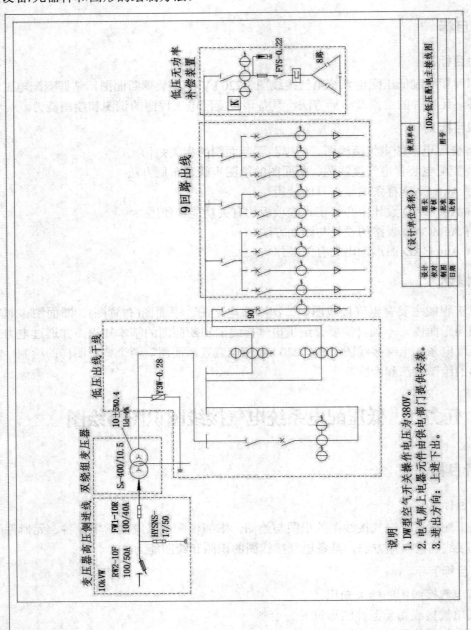

图 6-1　某配电系统电气主接线图

相关知识

(一) Auto CAD 设计中心和工具选项板

1. 设计中心

1) 设计中心的功能

通过设计中心，用户可以访问图形、块、图案填充和其他图形内容，将源图形中的任何内容拖动到当前图形中，也能将图形、块和填充图案拖动到工具选项板上，以便下次绘图不需再绘制同类型的块和图形，提高了块和图形的重复使用率。源图形可以位于用户的计算机上、网络位置或网站上。另外，如果打开了多个图形，则可以通过设计中心在图形之间复制和粘贴其他内容(如图层定义、布局和文字样式)来简化绘图过程，设计中心有以下功能：

(1) 浏览用户计算机、网络驱动器和 Web 页上的图形内容(例如图形或符号库)。

(2) 在定义表中查看图形文件中命名对象(例如块和图层)的定义，然后将定义插入、复制和粘贴到当前图形中。

(3) 更新(重定义)块定义。

(4) 创建指向常用图形、文件夹和 Internet 网址的快捷方式。

(5) 向图形中添加内容(例如外部参照、块和填充)。

(6) 在新窗口中打开图形文件。

(7) 将图形、块和填充拖动到工具选项板上以便于访问。

2) 设计中心的启动

(1) 菜单启动：单击"工具(T)"→"选项板"→"设计中心(D)"。

(2) 工具栏启动：单击标准注释工具栏上的图标"█"，启动设计中心。标准注释工具栏见图 6-2。

(3) 命令行窗口启动：在命令行窗口输入命令 adcenter。

图 6-2　标准注释工具栏

3) 设计中心窗口

设计中心启动后，其窗口界面如图 6-3 所示。窗口主要有"文件夹"、"打开的图形"、"历史记录"和"联机设计中心"等 4 个标签，在设计中心可以创建选项板，以便后续绘图可以重复使用前期绘图的资源，设计中心 4 个标签的作用和功能如下所述。

(1) "文件夹"：用于浏览计算机硬盘上的文件目录及目录下的文件，对于 AutoCAD 文件而言，可以浏览每个文件下一级目录，如块、标注、图层，还可以观看每个下一级目录中的具体内容，如单击块目录，可以看到当前目录下已创建的图块。

(2) "打开的图形"：用于查看当前 AutoCAD 环境中已打开的图形文件，如 "Drawing1.dwg"。

(3) "历史记录"：用于查看打开过的 AutoCAD 文件。

(4) "联机设计中心"：联机设计中心提供了对预绘制内容(例如块、符号库、制造商内容和联机目录)的访问。可以在一般的设计应用中使用这些内容，以帮助用户创建自己的图形。要访问联机设计中心，单击设计中心的"联机设计中心"选项卡。"联机设计中心"窗口打开后，可以在其中浏览、搜索并下载可以在图形中使用的内容。这个功能主要针对网络而言，用户可以通过计算机网络远程访问 web，下载自己感兴趣的绘图资源。

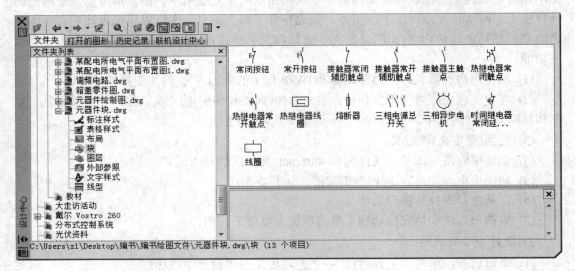

图 6-3　设计中心窗口

2. 工具选项板

1) 工具选项板的作用

工具选项板是"工具选项板"窗口中的选项卡形式区域，它们提供了一种用来组织、共享和放置块、图案填充及其他工具的有效方法。工具选项板还可以包含由第三方开发人员提供的自定义工具。

2) 工具选项板的启动

(1) 菜单启动：单击"工具(T)"→"选项板"→"设计中心(D)"。

(2) 工具栏启动：单击标准注释工具栏上的图标"　"按钮启动工具选项板。

(3) 命令行窗口启动：在命令行窗口输入命令 ToolPalettes。

3) 工具选项板介绍

工具选项板启动后，其界面如图 6-4 所示。默认的工具选项板按照行业来分有"机械"、"建模"、"建筑"和"注释"等许多标签，这些标签中放置了可以向用户图形中插入的图形和块。要显示出所有行业中的图形库，可单击工具选项板下侧的"　"折叠区域，即可以显示如图 6-5 所示的行业图库。其他操作主要依靠工具选项板上的弹出式菜单。

图 6-4　工具选项板

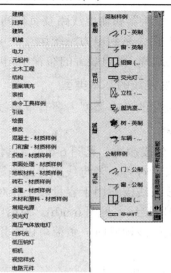

图 6-5　工具选项板的行业图库

4) 向选项板添加工具的途径

使用以下方法可以在工具选项板中添加工具。

(1) 将以下任意一项拖动到工具选项板：几何对象(例如直线、圆和多段线)、标注、图案填充、渐变填充、块、外部参照或光栅图像。

(2) 将图形、块和图案填充从设计中心拖至工具选项板。将已添加到工具选项板中的图形拖动到另一个图形中时，图形将作为块插入。

(3) 使用"自定义"对话框将命令拖至工具选项板，正如将此命令添加至工具栏一样。

(4) 使用"自定义用户界面"(CUI) 编辑器，将命令从"命令列表"窗格拖至工具选项板。

(5) 使用"剪切"、"复制"和"粘贴"可以将一个工具选项板中的工具移动或复制到另一个工具选项板中。

(6) 通过从头创建新选项板并使用快捷菜单重命名、删除或移动选项板来管理工具选项板。

(7) 在设计中心树状图中的文件夹、图形文件或块上单击鼠标右键，然后在快捷菜单中单击"创建工具选项板"，创建包含预定义内容的工具选项板选项卡。

关于工具选项板的具体使用和操作，将在项目实施中结合具体实例进行。

(二) 电气接线图

1. 电气接线图的含义

高、低压变配电所系统图也称为电气主接线图。电气主接线(一次接线)是指由各种开关电器、电力变压器、母线、电力电缆、并联电容器等电气设备按一定次序连接的接受电能与分配电能的电路，是将电气主接线中的设备用标准的图形符号和文字符号表示的电路图。电气主接线图反映了以下三点内容：

(1) 发电机、变压器、线路、断路器和隔离开关等有关电气设备的数量。

(2) 各回路中电气设备的连接关系。

(3) 发电机、变压器和输电线路及负荷间以怎样的方式连接。

电气主接线直接关系到电力系统运行的可靠性、灵活性和安全性，直接影响发电厂、变电所电气设备的选择，配电装置的布置，保护与控制方式的选择和检修的安全性与方便性。

2. 变配电所主接线的基本类型

变配电所主接线的基本类型主要有单母线、双母线和桥式接线三种。

1) 单母线接线

(1) 单母线不分段接线，见图 6-6(a)。其优点是线路简单、使用设备少、造价低；缺点是供电可靠性和灵活性差，当母线或母线隔离开关发生故障或检修时将造成客户停电。因此，单母线不分段接线仅适用于容量较小和对供电可靠性要求不高的中小型工厂。

(2) 单母线分段接线，见图 6-6(b)。根据电源数目把母线分段运行。其优点是母线或母线隔离开关发生故障或检修时，负荷可以不用全部切断。

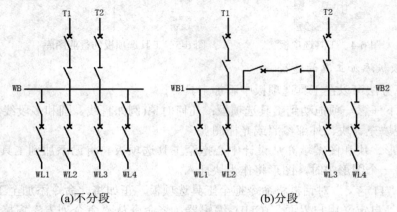

(a)不分段　　　　　　　　　　　　　(b)分段

图 6-6　单母线接线

(3) 单母线分段带旁路母线式主接线，见图 6-7。其特点是把主母线用断路器分段，且有一旁路母线配合。当检修出线断路器时，可用旁路母线供电，减少停电时间。它适用于配电线路较多、负荷较重的主变电所或高压配电所。

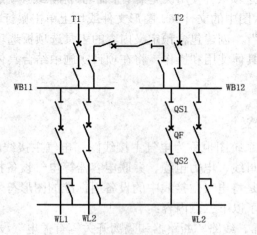

图 6-7　单母线分段旁路母线的主接线

2) 双母线接线

双母线主接线见图 6-8，该接线方式运行可靠灵活。两根母线互为备用，当一条母线检修或故障时不影响其他线路的正常供电。双母线主接线适用于供电可靠性要求很高的大型工厂总降压为 35～10 kV 的母线系统。

3) 桥式接线

桥式主接线见图 6-9，它适用于具有两回路电源进线、两台变压器的终端变电所，其特点是有一条跨接的"桥"。

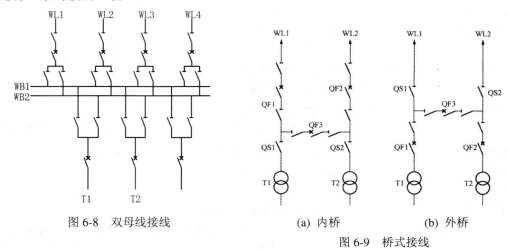

图 6-8　双母线接线

(a) 内桥　　　　　　(b) 外桥

图 6-9　桥式接线

3. 变/配电所电气主接线图的基本应用类型

1) 装设一台变压器的变配电系统图

只有一台主变压器的变/配电所，其高压侧一般采用无母线的接线。通常有以下四种比较典型的接线方案。

(1) 高压侧采用隔离开关-熔断器的变/配电所主接线，如图 6-10(a)所示。

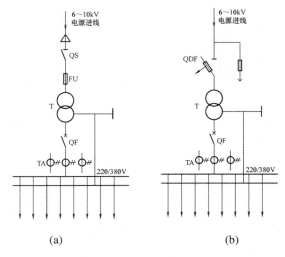

(a)　　　　　　　　　(b)

图 6-10　高压侧采用隔离开关-熔断器或户外跌开式熔断器的变配电所主接线

(2) 高压侧采用户外跌开式熔断器的变/配电主接线，如图 6-10(b)所示。

这两种主接线，受隔离开关和跌开式熔断器切断空载变压器容量的限制，一般只用于 500 kVA 及以下容量的变配电所中。这种变/配电所很简单且经济，但供电可靠性不高，当主变压器或高压侧停电检修或发生故障时，整个变/配电所要停电，这种接线仅适用于三级负荷的供配电。

(3) 高压侧采用负荷开关–熔断器的变/配电主接线。

如图 6-11 所示，由于负荷开关能带负荷操作，从而使变/配电所停电和送电的操作比上述两种接线更简便灵活，也不存在带负荷拉闸的危险，但是这种接线仍然存在着排除短路故障后恢复供电时间较长的缺点。这种主接线也比较简单经济，虽然能带负荷操作，但供电可靠性仍然不高，一般也只用于三级负荷变/配电所。

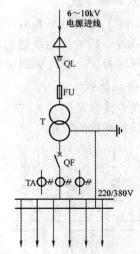

图 6-11　高压侧采用负荷开关–断路器的变配电所主接线

(4) 高压侧采用隔离开关–断路器的变/配电主接线。

如图 6-12 所示，这种主接线由于采用了高压断路器单电源进线，因此变/配电所的停、送电操作十分灵活方便，同时高压断路器都配有继电保护装置，在变/配电所发生短路和过负荷时均能自动跳闸，而且在短路故障和过负荷情况消除后，又可直接迅速合闸，从而使恢复供电的时间大大缩短。高压侧采用隔离开关–断路器的变/配电主接线还有高压双电源进线方式，如图 6-13 所示。

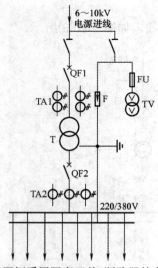 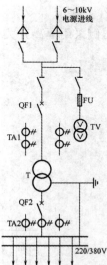

图 6-12　高压侧采用隔离开关–断路器的变/配电所主接线　图 6-13　高压双电源进线的变配/电所主接线

2) 装设两台主变压器的变/配电主接线

(1) 高压侧无母线、低压侧单母线分段的变/配电主接线。

高压侧无母线、低压侧单母线分段的变/配电所主接线如图 6-14 所示，这种主接线的供电可靠性较高。当任一主变压器或任一电源线停电检修或发生故障时，该变/配电所通过闭合低压母线分段开关，即可迅速恢复对变/配电所的供电。因此，这种主接线可为一、二级负荷供电。

(2) 高压侧单母线、低压侧单母线分段的变/配电主接线。

高压侧单母线、低压侧单母线分段的变/配电所主接线如图 6-15 所示，这种主接线适用于装有两台及以上主变压器或具有多路高压出线的变/配电所，其供电可靠性也较高。若有与其他变/配电所相连的低压或高压联络线，则供电可靠性可大大提高。无联络线时，可供二、三级负荷；有联络线时，可为一、二级负荷供电。

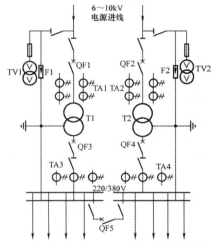

图 6-14　高压侧无母线、低压侧单母线
分段的变/配电所主接线

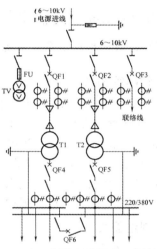

图 6-15　高压侧单母线、低压侧单母线
分段的变配电所主接线

3) 高低压侧均为单母线分段的配电主接线

高低压侧均为单母线分段的配电所主接线如图 6-16 所示，这种配电所的两段高压母线，在正常时可以并列运行，也可以分段运行。一台主变压器或一路电源进线停电检修或发生故障时，通过切换操作，可迅速恢复整个配电所的供电，因此供电可靠性相当高，可供一、二级负荷。

任务实施

(一) 低压配电系统电气主接线图识图

图 6-1 所示为某低压配电系统主接线图，该图主要由变压器高压侧进线、双绕组变压器、低压出线干线、9 回路出线和低压无功率补偿装置组成。变压器高压侧进线为 10kV 架空进线，电流经过一刀熔开关

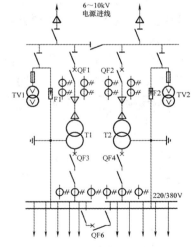

图 6-16　高、低压侧均为单母线分段的
变配电所主接线

通过电缆接入变压器的高压侧。变压器为 S₉ 系列二相铜绕组变压器，容量为 400k VA，进线端电压 10 kV，出线端电压 4 kV，并在高压侧设置了避雷器，防止雷电波侵入电网，变压器低压侧出线干线上设置了电流互感器进行测量，经过一段母线后分为两支带有电流互感器测量的出线：一条出线仅带一个回路，另一条出线带 9 个回路；在 9 支出线回路的配电线路上设置了低压无功补偿装置，该装置用于低压电网的无功功率补偿，以提高电网的功率因数，降低电路损耗，改善电能质量。

　　图 6-1 配电系统主接线图应选用 A3 幅面的图纸进行绘制。该图可分解为图框与标题栏、电路图、文字标注和说明文字等四部分，电路图可分解为变压器高压侧进线、双绕组变压器、低压侧出线干线、9 回路出线和低压无功率补偿装置五个电路单元，可单独绘制，但要注意各单元电路之间的联系。

(二) 绘制低压配电系统主接线图

1. 创建绘图文件

(1) 在硬盘目录 "E:" 中创建名称为 "低压配电系统主接线图" 文件夹。

(2) 创建绘图文件：依次单击 "文件(F)→新建(N)" 菜单，启动 "选择样板" 对话框，选择 "acadiso.dwt" 类型，创建名称为 "Drawing1.dwg" 的文件。

(3) 另存文件：单击 "文件(F)" → "另存为(A)" 菜单，打开 "图形另存为" 对话框。选择 "E:" 盘目录中的 "配电系统主接线图" 文件夹，打开该文件夹，在 "文件名:" 后的文本框中输入文件名 "低压配电系统主接线图"，保存文件。

2. 创建图层

1) 创建图层

　　根据识图结果，该电路图由图框与标题栏、电路图、文字标注、文字说明四部分组成，可创建 "图框与标题栏"、"元器件"、"导线连接"、"文字标注"、"文字说明" 五个基本图层。为便于绘制元器件，还要创建一个 "辅助线" 图层，操作如下：

(1) 单击工具栏上的图层特性管理器 "▧" 按钮，启动 "图层特性管理器"。

(2) 单击新建图层 "▧" 按钮，创建 "图框与标题栏"。同理可创建 "元器件"、"导线连接"、"文字标注"、"文字说明" 和 "辅助线" 等图层，具体见图 6-17。

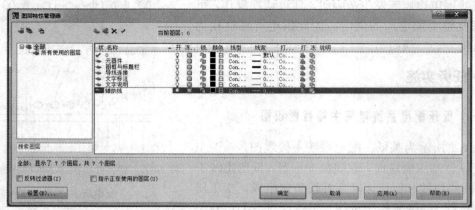

图 6-17　创建图层与图层特性设置

2) 设置图层特性

(1) "图框与标题栏"图层的线型设置为 continuous，即连续线，考虑到 A3 图纸，线宽设定为 0.5mm，图层颜色设置为黑色。

(2) "元器件"和"导线连接"图层的线型设置为连续线，线宽设置为 0.3mm，颜色设置为黑色，见图 6-17。

(3) "文字标注"、"文字说明"和"辅助线"图层的线型设置为连续线，线宽小于 0.3mm，颜色选择为黑色，见图 6-17。

3. 绘制图框与标题栏

1) 绘制图框

(1) 将"图框与标题栏"图层置为当前。

(2) 单击"直线 ✎"按钮，画出长 420、宽 297 的矩形，见图 6-18(a)。

(3) 单击偏移"▣"按钮，从矩形的外边框各边向内偏移，最左边的宽边向内偏移的距离为 25，其他为 5，见图 6-18(b)。

(4) 单击"修剪 ╶╱╴"按钮，将多余的内边框线修剪掉，见图 6-18(c)。

(5) 用鼠标单击外边框的各条线，将线宽修改为 0.2 mm，见图 6-18(d)。

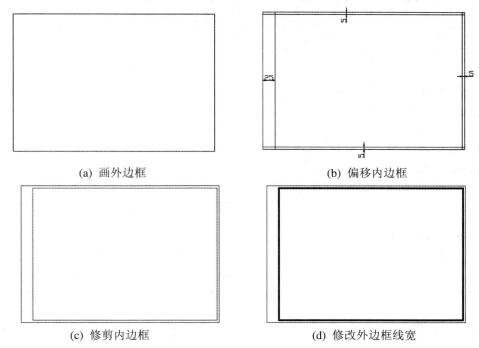

(a) 画外边框　　　　　　　　　　(b) 偏移内边框

(c) 修剪内边框　　　　　　　　　　(d) 修改外边框线宽

图 6-18　A3 图纸图框的绘制过程

2) 绘制标题栏

在"项目三"～"项目五"中，所用标题栏均为机械制图的一般样式，从本项目开始采用一种比较通用的电气工程制图标题栏，供学生绘图参考，见图 6-19。

标题栏的绘制过程和方法可参照"项目四"中标题栏的绘制，绘制所用绘图工具主要采用直线"✎"、偏移"▣"、修剪"╶╱╴"等工具。

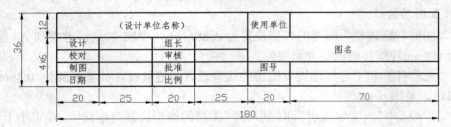

图 6-19　工程制图标题栏(仅供参考)

4. 绘制元器件图形符号

绘制元器件图形符号时，首先绘制好一至两个典型的元器件图形符号，然后放到图框内进行调试，其他元器件图形符号的绘制均参照调试好的元器件图形符号绘制。另外，为了保证绘制的元器件图形符号匀称和美观，在图形符号的绘制过程中，都标注了辅助线的尺寸，供学生或读者绘图参考。

1) 常用主接线元器件图形符号表

本任务涉及的元器件图形符号主要有断路器、隔离开关、电流互感器、阀型避雷器、双绕组变压器、避雷针、刀熔开关、熔断电阻及其他符号，元器件图形符号见表 6-1。

表 6-1　元器件图形符号及文字符号

名称	图形符号	名称	图形符号
有铁心的单相双绕组变压器		单二次绕组的电流互感器	
YN/d 连接的有铁心的三相双绕组变压器		双绕组变压器	
YN/y/d 连接的有铁心的三相三绕组变压器		双二次绕组的电流互感器(有共同铁心)	
Y/d 连接的具有有载分接开关的三相变压器		断路器	
刀熔开关		接地消弧线圈	

续表

名称	图形符号	名称	图形符号
负荷开关		电抗器	
熔断器式隔离开关		站用变压器符号	
隔离开关		阀型避雷器	
跌开式熔断器		电压互感器	

2) 元器件图形符号的绘制

(1) 断路器图形符号的绘制。

① 单击直线"✏"、偏移"⬛"等按钮，绘制如图 6-20(a)所示的辅助线。

② 单击直线"✏"按钮，绘制如图 6-20(b)所示的图形(粗实线部分)。

③ 单击直线"✏"按钮和偏移"⬛"按钮，在图 6-20(c)中做辅助线(带有标注的细实线部分)。

④ 单击直线"✏"按钮，在图 6-20(d)中用粗实线绘制断路器形如"×"的图形，并删除所有辅助线，得到图 6-20(e)图形。

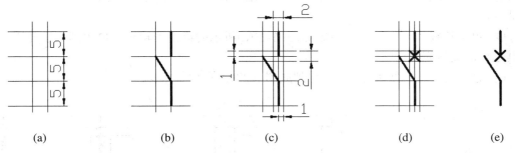

图 6-20 断路器图形符号的绘制过程

(2) 隔离开关图形符号的绘制。

① 隔离开关的绘制可参照断路器的绘制过程，见图 6-20(a)、6-20(b)。

② 单击直线"✏"、镜像"◩"等按钮，在图 6-21(c)中画出"—"形状的图形。

③ 删除所有辅助线，得到图 6-21(d)的图形。

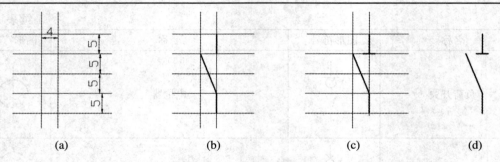

图 6-21　　三极高压隔离开关图形符号的绘制过程

(3) 单二次绕组的电流互感器图形符号的绘制。

① 单击直线"／"和偏移"凸"按钮，绘制如图 6-22(a)所示的辅助线。

② 单击圆"⊘"按钮，在图 6-22(b)中绘制半径为 5 的圆(粗实线部分)。

③ 单击直线"／"和偏移"凸"按钮，绘制如图 6-22(c)所示的辅助线(虚线部分)。

④ 单击直线"／"按钮，在图 6-22(c)中绘制电流互感器的其他部分(粗实线部分)，并删除所有辅助线(细实线部分)，得到如图 6-22(e)所示的图形。

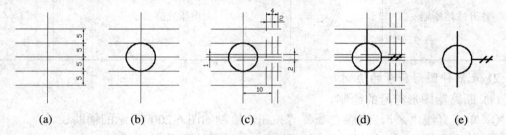

图 6-22　电流互感器图形符号绘制过程

(4) 闪型避雷器的绘制。

① 单击直线"／"和偏移"凸"按钮，绘制如图 6-23(a)所示的辅助线。

② 单击直线"／"按钮，绘制避雷器的外壳轮廓线(粗实线部分)，见图 6-23(b)。

③ 单击直线"／"和偏移"凸"按钮，绘制如图 6-23(c)所示的辅助线(带标注的细实线部分)。

④ 单击直线"／"按钮，绘制如图 6-23(d)所示的避雷器轮廓，再用图案填充"▨"工具进行图案填充。

⑤ 删除所有辅助线(细实线)，得到如图 6-23(e)所示的图形。

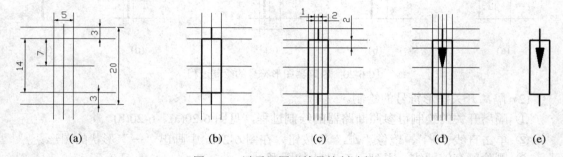

图 6-23　避雷器图形符号绘制过程

(5) 双绕组变压器图形符号图的绘制。

① 单击直线"／"和偏移"🔁"按钮，绘制如图 6-24(a)所示的辅助线。

② 做如图 6-24(b)所示的辅助线，找到双绕组变压器图形符号中两个圆的圆心，然后以"×"标记为圆心，单击圆"⊙"按钮，绘制半径为 5.8 的两个圆，见图 6-24(c)，再以两个圆的圆心为圆心，画两个半径为 1.6 的辅助圆，见图 6-24(d)。

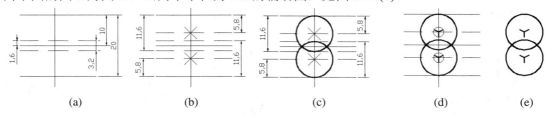

图 6-24　双绕组变压器图形符号的绘制过程

③ 单击直线"／"按钮，过图 6-24(d)上面的圆心逆时针画出一条长为 1.6，倾角为 30°的斜直线。

④ 单击镜像"◣◢"按钮，选择图 6-24(d)画好的斜直线，镜像画出左侧的斜直线，再单击直线"／"按钮，最后画出"Ⓨ"形状的另外一条竖直线。

⑤ 删除所有辅助线，得到如图 6-24(e)所示的图形符号。

(6) 稳压管的绘制。

① 单击直线"／"和偏移"🔁"按钮，绘制如图 6-25(a)所示的辅助线。

② 单击直线"／"按钮，绘制如图 6-25(b)所示的稳压管外部轮廓(粗实线部分)。

③ 单击直线"／"和偏移"🔁"按钮，绘制如图 6-25(c)所示的辅助线。

④ 单击直线"／"按钮，绘制如图 6-25(d)所示的稳压管其他部分图形(粗实线部分)。

⑤ 删除所有辅助线，得到如图 6-25(e)所示的稳压管图形符号。

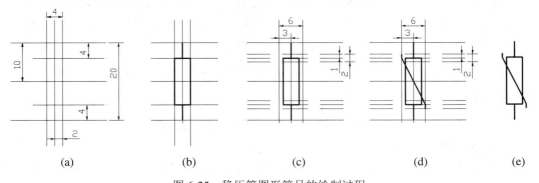

图 6-25　稳压管图形符号的绘制过程

(7) 刀熔开关图形符号的绘制。

① 复制一个隔离开关图形符号，单击直线"／"和偏移"🔁"按钮作辅助线，见图6-26(a)。

② 启动"对象捕捉"和"极轴追踪"等工具，如果"对象捕捉"设置中没有选中"垂足"，则选中。然后将鼠标移动到图 6-26(b)中隔离开关与中间水平辅助线的交点上，捕捉垂足，然后单击直线"／"按钮在极轴线上画出一条垂线。

③ 以隔离开关的动合开关为基线，单击偏移""按钮，向左向右偏移产生间距为 0.8 的两条平行线，见图 6-26(c)，并单击延伸""按钮，使延伸的垂线和偏移的平行线都相交。

④ 在图 6-26(c)上以画出的垂线为基线，向上向下偏移产生间距为 3 的平行线，见图 6-26(d)。单击修剪""按钮，将多余的线修剪掉，并删除所有辅助线，得到如图 6-26(e) 所示的刀熔开关图形符号。

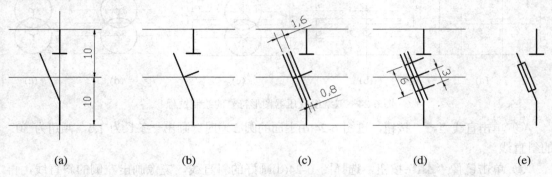

图 6-26　刀熔开关图形符号的绘制过程

(8) 熔断器式隔离开关图形符号的绘制。

① 复制一个断路器图形符号，单击直线"／"和偏移"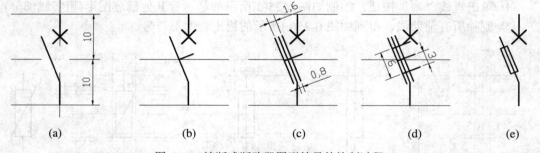"按钮，绘制如图 6-27(a) 所示的辅助线。

② 其后的绘图过程可参照刀熔开关图形符号的绘制，绘制过程见图 6-27(b)、6-27(c)、6-27(d)和 6-27(e)。

图 6-27　熔断式断路器图形符号的绘制过程

(9) 熔断电阻符号图的绘制。

熔断电阻符号图比较简单，可先画出一个矩形，然后采用镜像工具绘制电阻内部的图形。

5. 低压配电系统电气主接线图的绘制

1) 图纸的布局

根据图 6-1 识图的情况，将电路图分成如图 6-28 所示的五个绘图区(不含标题栏)。分区时要结合使用尺寸标注工具，估计和计算每个分区的尺寸。绘制分区线所用的工具主要有直线"／"、偏移""等工具。

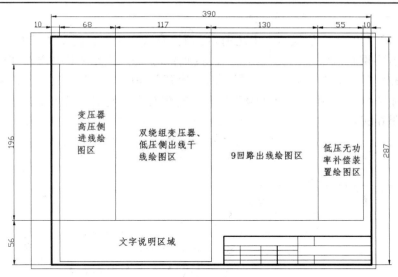

图 6-28 图纸的分区及总布局

2) 绘制元器件网格定位线

根据图纸分区的情况，估计各元器件所占列和行的总数，以及各列的列宽和各行的行高，然后画出定位线，见图 6-29。画定位线所用的工具主要有直线"✏"、偏移"▱"等工具，各分区网格线的参考尺寸如下：

(1) 变压器高压侧进线绘图分区有 1 行 2 列元件，列宽为 10，行高为 13。

(2) 低压出线干线绘图分区上侧有 1 行 1 列元件，下侧有 3 行 3 列(计入导线占有的行)，列宽 29，行高 30 左右。

(3) 9 回路出线绘图分区有 4 行 10 列元件，列宽 13，行高见图 6-29。

(4) 低压无功率补偿装置绘图分区有 6 行 2 列元件，网格线列宽均为 14.5，行高为 10，为便于比较准确地确定元器件在网格线节点上的位置，该区网格线采用等分的方法绘制了 7 行 4 列，密度较大，便于微调网格线。

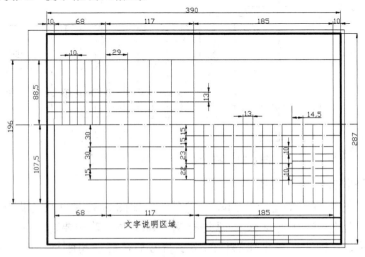

图 6-29 元器件网格定位线

3) 将块插入到对应的网线节点上

在将块插入到网格定位线节点上之前，必须检查块与绘图分区及图纸的大小协调程度，如不协调则需要重新调整块的比例(大小)，直到合适为止，然后将块插入到对应的网格节点上。本任务大多数器件均为竖直放置，而刀熔开关在图中是水平放置的，需要将插入的块先逆时针旋转 90°，再用移动 "✛ 转" 工具移动到对应的网格线节点上。插入到网格线的元器件块见图 6-30。

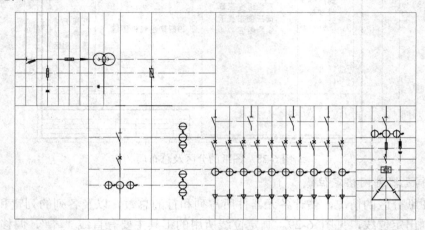

图 6-30　将块插入到网格定位线的节点上

4) 绘制连接导线

按照图 6-30 中元器件在网格定位线上的摆放情况，调整个别元器件的位置，将图中各元器件用导线连接起来(用 0.3mm 宽度的粗实线进行连接)，见图 6-31。

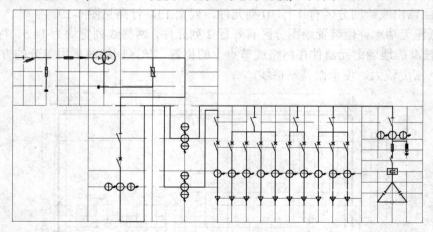

图 6-31　将元器件用导线连接起来

6. 文字标注和文字填写说明

将图 6-31 中的所有网格定位线删除，就得到了如图 6-32 所示的电路图(不显示线宽)。对图 6-32 所示元器件进行标注和对图纸进行文字说明时，首先要建立文字样式，将文字的类型、大小调试好，标注完一个元器件的文字符号后，然后将刚标注的文字符号复制到每个元器件的旁边，再逐个修改每个元器件旁边的文字标注，最后完成所有器件的标注。

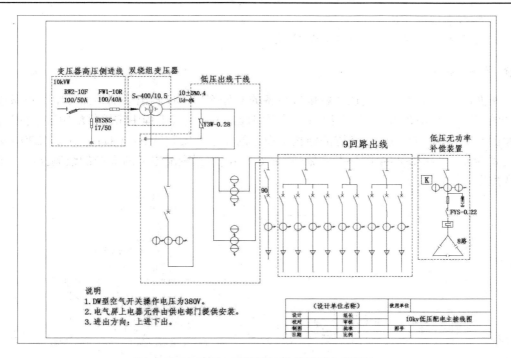

图 6-32 电路图、元器件及使用说明文字标注

7. 检查完善图形

绘图工作结束后,一定要检查所绘制图形的正确性,查找不足或错误的绘图,以便查缺补漏,在保证图形正确性的前提下,尽力做到美观、匀称。

 任务小结

采用网格定位线的方法绘制电路图,关键的一步是如何估计电路中元器件定位线的位置及定位线之间的间距,这需要一定的时间练习,才能积累丰富的经验。画出了定位用的网格线后,线路的连接就比较简单了,这种方法避免了先画导线连接图、后插入图块而导致的一些问题。

任务2 220 kV 配电装置断面图识图与绘图

 任务目标

【能力目标】

通过识读和绘制某 220kV 配电装置断面图,具备绘制该类变配电工程图的能力。

【知识目标】

1. 了解供变配电装置断面图的有关知识和识图方法
2. 掌握样条曲线的使用

3. 掌握多线的使用

4. 掌握变配电装置断面图的绘图方法

 任务描述

断面图是指用假想的剖切面将电气设备的某处剖切，仅画出该剖切面与电气设备接触部分的图形。断面图也是电气工程图的重要组成部分，电气工程中常用供配电装置配置图、平面图和断面图来描述配电装置的结构、设备的布置和安装情况。通过任务 2 "220 kV 配电装置断面图的识图与绘图"的实施(见图 6-33)，掌握变配电所断面图的绘制技能，了解供变配电所中的设备布局情况。

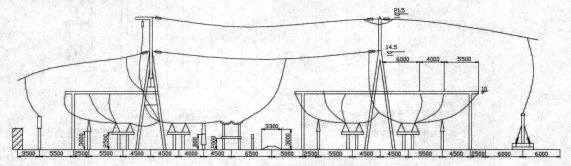

图 6-33　220 kV 双母线配电装置断面图

相关知识

(一) AutoCAD 绘图工具的使用

1. 样条曲线

在图 6-33 变配电装置的断面图中，各装置之间的连接，在某些区域使用了不规则的连线，需要样条曲线来绘制曲线。

1) 样条曲线的用途

样条曲线是经过或接近一系列给定点的光滑曲线，可以控制曲线与点的拟合程度。

绘制样条曲线的命令将创建一种称为非一致有理 B 样条(NURBS)曲线的特殊样条曲线类型，NURBS 曲线在控制点之间产生一条光滑的曲线。

2) 样条曲线命令的启动方式

(1) 菜单启动：单击 "绘图(D)" → "样条曲线(S)"。

(2) 工具栏启动：单击绘图工具栏上的样条曲线 "～" 按钮。

(3) 命令行窗口启动：在命令行窗口输入 spline 命令。

3) 样条曲线使用实例

使用 "样条曲线" 工具绘制不规则曲线，大多数的时候是用鼠标在绘图区指定一系列的点，这些点构成了一条路径，然后该工具会根据这些点给定的路径，模拟绘制出一条光滑的曲线，现以绘制正弦曲线为例说明该曲线的使用。

(1) 图 6-34(a)给出了样条曲线逼近的路径，这些路径点用 "×" 表示。

(2) 图 6-32(b)所示是用样条曲线逼近这些点，画出正弦曲线。

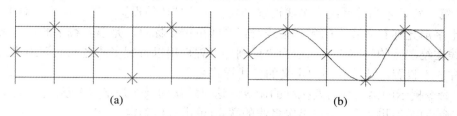

(a)　　　　　　　　　　　　　　(b)

图 6-34　样条曲线的使用

　　在实际应用中，不必要这样机械地去画路径点，只需要按照用户的想法，在绘图区一边画一边确定路径点即可，除非有特殊要求。

　　命令的执行过程如下：

命令：_spline

指定第一个点或 [对象(O)]：

指定下一点：

指定下一点或 [闭合(C)/拟合公差(F)] <起点切向>：

指定下一点或 [闭合(C)/拟合公差(F)] <起点切向>：

指定下一点或 [闭合(C)/拟合公差(F)] <起点切向>：

指定下一点或 [闭合(C)/拟合公差(F)] <起点切向>：

指定下一点或 [闭合(C)/拟合公差(F)] <起点切向>：

　　当单击最后一个路径点时，一般要连敲数次回车键才能结束绘图，这是用户应该注意的地方。

2. 多线绘图工具

1) 多线工具的用途

　　多线在建筑平面图的绘制中有大量应用，它可以一次性绘制多条平行线，平行线之间的间隔也可通过多线样式的定制完成，多条多线的交点可编辑成不同的形状，使用比较灵活，从而能提高绘图效率。

2) 多线命令的启动方式

(1) 菜单启动：单击"绘图(D)" → "多线(U)"。

(2) 命令行启动：在命令行窗口中输入 mline。

3) 多线工具的使用

　　在未设置多线样式时，系统默认的多线为两条平行线。命令启动后，在命令行窗口出现如下提示：

命令：mline

当前设置：对正 = 上，比例 = 20.00，样式 = STANDARD

指定起点或 [对正(J)/比例(S)/样式(ST)]：

指定下一点：

指定下一点或 [放弃(U)]：

上述命令的格式说明如下：

(1) 命令的第一行为命令的名称(mline)，是要执行的命令。

(2) 第二行显示当前系统的多线设置，共有三项默认的设置。第一项为"对正"设置，即鼠标十字形光标和多线中的哪一条线对正，即单击鼠标时，是以多线中的那一条直线来确定多线在绘图区的位置；第二项为"比例"设置，用以设置多线之间的间距比例；第三项为"样式"设置，即选择用户定义的多线样式名称。

(3) 命令提示的第三行为要执行的命令。这时默认的操作是指定多线的起点。

(4) 命令的第四行要求用户指定多线的端点(单击鼠标确定端点)。

(5) 在命令的第三行，如果要改变命令的设置，可对"[]"中的选项进行选择，比如要改变比例，则在命令行中输入"s"后回车，再按照命令提示进行设置，下面的例子显示了多线命令执行中比例的设置情况。

命令：　mline

当前设置：　对正 = 上，比例 = 20.00，样式 = STANDARD

指定起点或 [对正(J)/比例(S)/样式(ST)]：　　s

输入多线比例 <40.00>：　　50

当前设置：　对正 = 上，比例 = 50.00，样式 = STANDARD

指定起点或 [对正(J)/比例(S)/样式(ST)]：

指定下一点：

指定下一点或 [放弃(U)]：

4) 多线样式的定制与多线的绘制

(1) 多线样式命令启动。

① 菜单启动：单击"格式(O)"→"多线样式(M)"。

② 命令行启动：在命令行中输入 mlstyle。

(2) 多线样式的定制。

多线样式命令执行后，会出现如图 6-35(a)所示的"多线样式"对话框，单击"新建"按钮，这时会出现"创建新的多线样式"对话框，输入新样式名称"墙面线"，单击"继续"按钮，见图 6-35(b)，最后出现"新建多线样式"定制对话框，见图 6-36。

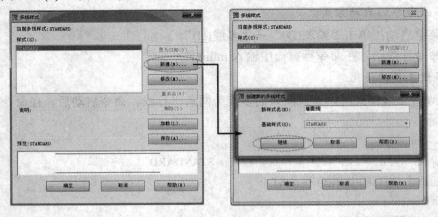

(a) "多线样式"对话框　　　　　(b) "创建新的多线样式"对话框

图 6-35　"多线样式"对话框及"创建新的多线样式"对话框

"修改多线样式"对话框及说明见图 6-36，该对话框由多线样式"说明"、"封口"、"填充"、"图元"等选项组组成。"封口"选项组中"内弧"和"外弧"的使用是不同的，"外弧"是最外面的两条边线的封口线(即颜色为洋红色线与蓝色的线)，而"内弧"是多线内部线之间的封口线。设置完成后，要单击图 6-35(a)"多线样式"对话框中的"置为当前"按钮，使之起作用。

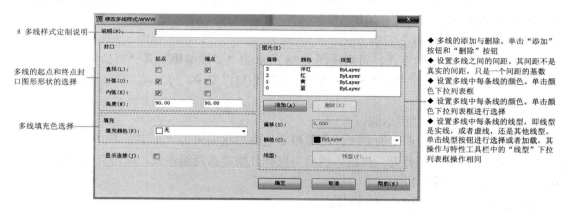

图 6-36 "新建多线样式"对话框及说明

图 6-36 中设置了四条多线，颜色分别为红、绿、蓝和默认色，基本间距为 3、2、1、0，线型都为实线，起点的封口线为圆弧，终点的封口线为直线，封口线与多线之间的夹角为 90°。多线设置后的效果可从"多线样式"对话框的"预览"区域看到，设置完成后，启动多线画线命令，绘制的多线见图 6-37，命令的执行情况如下：

图 6-37 绘制的多线

命令：_mline

当前设置： 对正 = 上，比例 = 50.00，样式 = 墙面线

指定起点或 [对正(J)/比例(S)/样式(ST)]：

指定下一点：

指定下一点或 [放弃(U)]：

多线中两条线之间的实际间距计算公式为：实际间距=比例×△偏移量。△偏移量=A 线偏移量−B 线偏移量；比例就是 mline 命令中设置的比例。在图 6-37 中最上面的洋红色线的偏移量为 3，红色线的偏移量为 2，则△偏移量为 1(3−2=1)，多线命令 mline 中的比例为 50，这样两条线之间的实际间距就为 50。洋红色线和蓝线之间的实际距离为 150(3×50=150)。

5) 多线样式的修改

修改多线样式时，需要重新启动多线样式命令，单击图 6-35(a)中的"修改"按钮，进入图 6-36 中的"修改多线样式"对话框进行修改，其操作方法与多线样式的定制相同。

> 　　**注意**：在绘图区已采用当前多线样式绘制了多线时，图 6-35(a)中的"修改"按钮是不能操作的，只有删除了绘图区中的多线时，方可进行多线样式的修改。

　　6) 多线相交区域的形状编辑

　　当绘图区中有两组以上多线相交时，而且在多线相交处的形状要求不同时，就需要对多线交点处的形状进行选择和编辑。

　　(1) "多线编辑工具"启动方式。

　　① 双击绘图区中的多线，可启动图 6-38 所示的"多线编辑工具"对话框。

　　② 菜单启动：单击"修改(M)→对象(O)→多线(M)"菜单，可启动如图 6-38 所示的"多线编辑工具"对话框"。

　　(2) 多线编辑工具使用示例。

　　图 6-39(a)中有两组相交的多线，将其相交处的形状编辑为"十字"形时，其操作为：单击图 6-38 中的"十字打开"按钮，然后用鼠标分别单击两组多线，即可完成相交多线的编辑，编辑结果见图 6-39(b)。

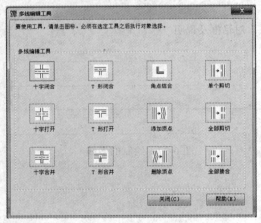

图 6-38　"多线编辑工具"对话框

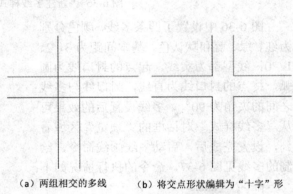

（a）两组相交的多线　　（b）将交点形状编辑为"十字"形

图 6-39　多线的编辑

（二）变配电装置断面图识图的方法

　　断面图只表达变/电装置剖面处的形状，而且这类图形在安装时都有距离要求，所以一般的断面图都表明了各装置之间的相对位置，有的图纸还对装置或设备进行了标高，因此，变/电装置断面图与电气接线图不同，它实质上是一种简化了的机械装置图，识读该类图形，其方法和电气主接线图有所不同，具体方法如下所述。

　　(1) 了解发电厂或变电所的情况。

　　(2) 了解发电厂或变电所的电气主接线和设备配置情况。

　　在阅读变配电装置图前，还要根据发电厂或变电所的电气主接线图，了解发电厂或变电所各个电压等级的主接线基本形式，对发电机、变压器、出线等单元的互感器、避雷器的配置情况，亦要事先有所了解。

　　(3) 弄清配电装置的总体布置情况。

　　先阅读配电装置的配置图，就能弄清配电装置的总体布置情况。配置图是一种示意图，按选定的主接线方式，将所有的电气设备(断路器、互感器、避雷器等)合理分配在发电机、变压器、出线等各个间隔内，但并不要求按比例绘制，以便于了解配电装置的总体布置。如果配电装置图中没有配置图，可以阅读配电装置图中的平面图。仔细阅读平面图，也可以弄清主接线的基本形式和配电装置的总体布置情况。

　　(4) 明确配电装置类型。

　　初步阅读配电装置图中的断面图，明确该配电装置是屋内的、屋外的还是成套的。如果是屋内配电装置，则还应明确是单层、双层还是三层，有几条走廊，各条走廊的用途如何；如果是屋外配电装置，则还应明确是中型、半平高型还是高型；如果是成套配电装置，则还应明确是低压配电屏、高压开关柜还是全封闭式组合电器。

　　(5) 查看所有电气设备。

　　在配电装置图的各个断面图上，依据备种电气设备的轮廓外形，认出变压器、母线、隔离开关、断路器、电流互感器、电压互感器和避雷器，并判断出它们各自的类型；弄清各个电气设备的安装方法，它们所用构架和支架都用的什么材料；如果是有母线接线，要弄清楚是单母线还是双母线，是不分段的还是分段的；如果有旁路母线，要弄清旁路母线是在主母线的旁边还是上方。

　　(6) 查看电气设备之间的连接。

　　根据配电装置图的断面图，参阅配置图或平面图，查看各个电气设备之间的相互连接情况，看连接是否正确，有无错误之处。查看时，可按电能输送方向的顺序逐个进行，这样比较清楚，也不易有所遗漏。

　　(7) 核查有关的安全距离。

　　配电装置的断面图上都标有水平距离和垂直距离，有些地方还标有弧形距离。要根据这些距离和标高，参考配电装置的最小安全距离要求，核查安全距离是否符合要求。

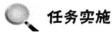 **任务实施**

(一) 配电装置系统断面图的识图

　　220 kV 双母线进出线带旁路、合并母线架、断路器单列布置的配电装置图见图 6-33。该装置采用 GW44-220 型隔离开关和少油断路器，除避雷器外，所有电气设备均布置在 2~2.5m 的基础上；母线及旁路母线的边距离隔离开关较远，其引线下设有支持绝缘子；由于断路器单列布置，配电装置的进线(虚线表示)会出现双层构架，跨线较多，因而降低了可靠性。

(二) 绘制低压配电系统断面图

1. 断面图的分解

　　由图 6-33 可看出，该断面图由母线架、门型架、连接导线、架线塔和配电设备组成，包含了电路图和定位标注尺寸，图纸横向布局。将配电设备分解成 9 类设备，并做成块，容易修改，也便于移动。

为便于绘制块和讲解说明，对图 6-33 中的设备进行编号，编号见图 6-40。

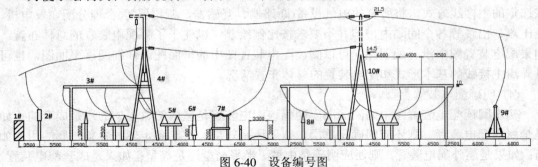

图 6-40　设备编号图

2. 创建绘图文件

将图形文件的名称另存为"220kV 配电装置断面图"。绘图文件的创建可参照前面项目的创建过程。

3. 确定绘图的比例

图 6-33 变配电装置的断面图的长为 83000 mm，宽约 26000 mm，这个图形很大，在 **AutoCAD** 的绘图区绘图很不方便，一般来说在工程绘图时，采用缩放的画法，将微小的图画大，大图画小，图上标注的尺寸还是实际尺寸，如果图形要打印输出，可根据需要，采用修改栏上的缩放 "▣" 工具，对整个图形进行放大或缩小。为便于画图，本任务中将实际尺寸缩小 100 倍。

4. 创建图层

根据图 6-33 的具体情况，创建"辅助线"、"图块"、"连接导线"和"尺寸标注"等图层，见图 6-41。图层特性中除了"图块"、"连接导线"图层的线宽设置为 0.3 mm 或者更粗的线宽外，其他特性设置均为默认设置。

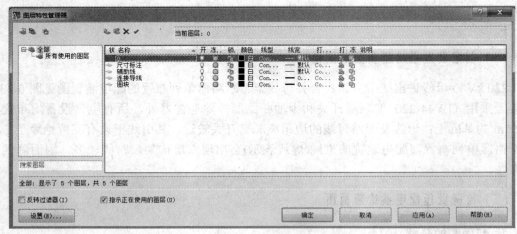

图 6-41　创建图层

5. 绘制设备图

在绘制设备图的过程中，一定要注意及时在"图块"、"尺寸标注"和"辅助线"图层之间切换。

1) 1#设备的绘制

(1) 单击直线"／"按钮，作如图 6-42(a)所示的辅助线。

(2) 单击直线"／"按钮，绘制设备的外部轮廓，见图 6-42(b)。

(3) 单击图案填充"▨"按钮，在"图案填充"对话框中，选择"ANSI31"填充图案样式，并将"比例"设定为 2，对图 6-42(b)进行填充，效果见图 6-42(c)。删除所有辅助线，得到图 6-42(d)。

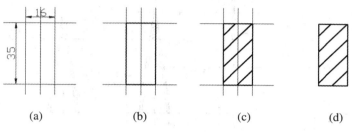

(a)　　　　　(b)　　　　　(c)　　　　　(d)

图 6-42　1#设备的绘制过程

2) 2#设备的绘制

(1) 单击直线"／"按钮，作如图 6-43(a)所示的辅助线。

(2) 单击直线"／"按钮，绘制母线架的外部轮廓，见图 6-43(b)。

(3) 删除所有辅助线，得到图 6-43(c)。

3) 3#设备的绘制

(1) 单击直线"／"按钮，作如图 6-44(a)所示的辅助线。

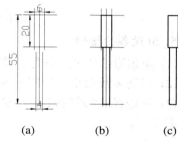

(a)　　　(b)　　　(c)

图 6-43　2#设备的绘制过程

(2) 定制多线样式(两线之间的间隔为 1，直线封口)，然后启动多线命令，将"比例"设定为 4，"对正"方式设为"无"，绘制如图 6-44(b)所示的母线架。

(3) 双击多线，在"多线编辑工具"中单击 T 形打开"〒"按钮，对多线相交处进行编辑，然后删除所有辅助线，得到图 6-44(c)。

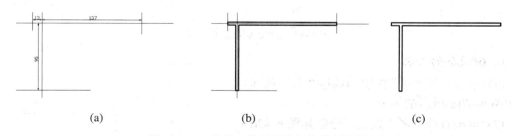

(a)　　　　　　　(b)　　　　　　　(c)

图 6-44　3#设备—单侧母线架的绘制过程

4) 4#设备的绘制

(1) 单击直线"／"按钮，作如图 6-45(a)所示的辅助线。

(2) 启动多线命令，绘制图 6-45(b)"①"部位的图形，并用"多线编辑工具"中的"╚"样式编辑多线。

(3) 在图 6-45(c)上做两条倾斜的辅助线，然后单击偏移"⊡"按钮，向左右偏移，产生间距为 2 的两对斜线，完成"②"部位图形的绘制。

(4) 绘制"③"部位的图形。在图 6-45(c)连续绘制三个梯形。删除所有辅助线，得到如图 6-45(d)所示的图形。

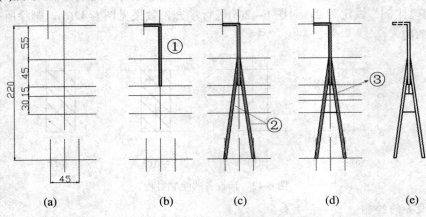

图 6-45　4#设备—架线塔的绘制过程

5) 5#设备的绘制

(1) 单击直线"／"按钮，作如图 6-46(a)所示的辅助线。

(2) 启动多线命令，绘制图 6-46(b)的下部图形。

(3) 单击直线"／"按钮，绘制图 6-46(c)的上部图形。删除所有辅助线，得到如图 6-46(d)所示的图形。

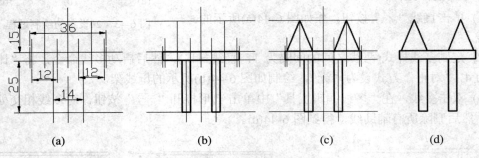

图 6-46　5#设备的绘制过程

6) 6#设备的绘制

(1) 单击直线"／"按钮和偏移"⊡"按钮，作如图 6-47(a)所示的辅助线。

(2) 单击直线"／"按钮，绘制如图 6-47(b)所示的图形。

(3) 删除所有辅助线，得到如图 6-47(c)所示的图形。

7) 7#设备的绘制

(1) 单击直线"／"按钮，通过偏移作如图 6-48(a)所示的辅助线。

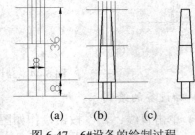

图 6-47　6#设备的绘制过程

(2) 启动多线命令和单击"分解"按钮,绘制图 6-48(b)的下部图形,并在图形的上面部分做"×"形标记。

(3) 单击样条曲线"∿"按钮,沿着图 6-48(b)中带有"×"形标记的点绘制图形,并单击偏移"⌷"按钮,向上偏移产生距离为 2 的样条曲线,图中其余部分用直线"∕"工具进行绘制,并进行同样的偏移,见图 6-48(c)。

(4) 单击"延伸⌁"按钮,使没有相交的图形相交,得到如图 6-48(d)所示的图形。

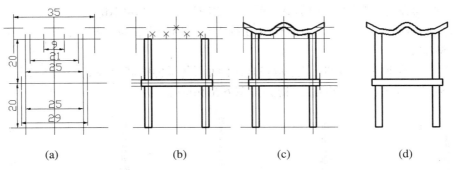

(a)   (b)   (c)   (d)

图 6-48   7#设备的绘制过程

8) 8#设备的绘制

(1) 单击直线"∕"按钮和偏移"⌷"按钮,作如图 6-49(a)所示的辅助线。

(2) 单击直线"∕"按钮,绘制如图 6-49(b)所示的图形。

(3) 删除所有辅助线,得到如图 6-49(c)所示的图形。

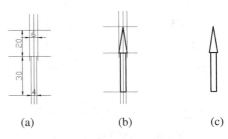

(a)   (b)   (c)

图 6-49   8#设备的绘制过程

9) 9#设备的绘制

(1) 单击直线"∕"按钮,通过偏移作如图 6-50(a)所示的辅助线。

(2) 在图 6-50(b)上用直线"∕"工具绘制 6-50(c)所示的图形,在绘制顶部的图形时要用到圆角"⌐"工具,在绘制图形下面部分的斜线时,先绘制一条斜线,再偏移产生两条斜线。然后在斜线的中点处做垂线,向下再偏移产生两条垂线,见图 6-50(c)。

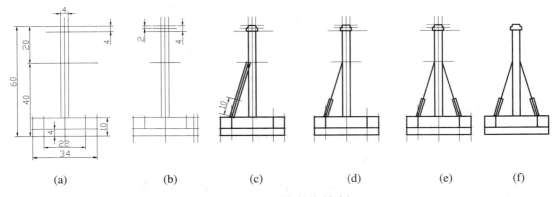

(a)   (b)   (c)   (d)   (e)   (f)

图 6-50   9#设备的绘制过程

(3) 单击"修剪┅┅"按钮，修剪图 6-50(c)图形下面的斜线部分，见图形 6-50(d)。

(4) 单击"镜像◢◣"按钮，对图 6-50(d)左侧部分的图形进行镜像，得到图 6-50(e)，删除所有辅助线，得到如图 6-50(f)所示的图形。

10) 10#设备的绘制

(1) 复制图 6-45(e)绘制好的 4#设备图形至图 6-51(a)中。

(2) 单击分解"▨"按钮，将 6-45(a)中的图形的上面部分打散(块必须打散)，然后对照图 6-34 中的 9#设备，删除图 6-51(a)中不需要的图形，见图 6-51(b)。

(3) 单击直线"╱"按钮，在图 6-51(b)的上半部图形上做辅助线，并画出上面的图形，见图形 6-51(c)。

(4) 单击"修剪┅┅"按钮，对图 6-51(c)下面两条延伸的斜直线的周围区域进行修剪，得到图 6-51(d)。删除所有辅助线，得到如图 6-51(e)所示的图形。

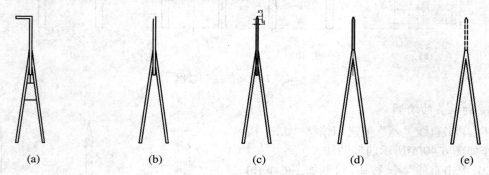

图 6-51　10#设备的绘制过程

每绘制好一个设备图后，将设备图做成块，以便于图形的插入、整体移动和修改。

6. 绘制设备的网格定位线

按照图 6-33 给出的标注尺寸，单击偏移"⌒"按钮，从左向右偏移画出如图 6-52 所示的设备网格定位线。

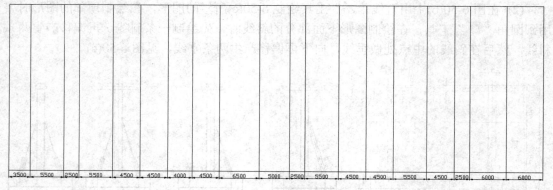

图 6-52　设备网格定位线

7. 插入设备块或复制设备图形

将创建的设备图形块插入到网格定位线的相应位置，或者单击复制"⅋"按钮将设备图形复制到相应网格线的位置上，并检查设备的放置位置及设备的外形是否正确，见图 6-53 所示。

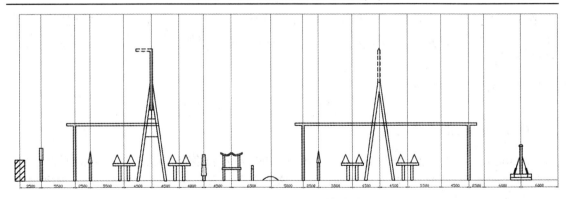

图 6-53　插入设备图块到网格线节点上

8. 画连接导线

单击"样条曲线 $\sim$"按钮，将图 6-53 中的设备用导线连接起来，连接图见图 6-54。

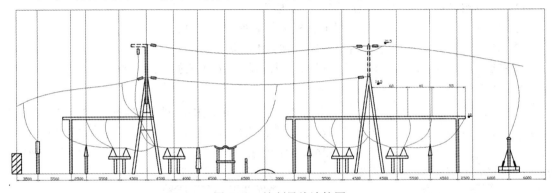

图 6-54　绘制导线连接图

9. 标注尺寸

除了标注设备横向定位尺寸外，还要标注设备的标高尺寸，标注后的断面图见图 6-55。

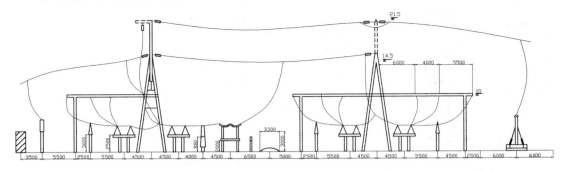

图 6-55　标注尺寸

　任务小结

当不知道设备的外形尺寸时，绘制配电设备断面图的主要难点在于设备之间大小的协调性，而线路连接相对简单。绘制设备的外形示意图时，要充分运用辅助线、"偏移"、

"多线"、"延伸"、"镜像"、"移动"和"样条曲线"等工具，同时还要巧妙使用"对象捕捉"和"对象追踪"等辅助命令，绘图的过程就是交替使用绘图栏、修改工具栏上工具的过程。

 项目知识拓展

(一) AutoCAD 表格的使用

AutoCAD 图表的使用与 Microsoft office 中的 word 表格有相似之处。电路中的元器件一般用代号标识，用户未必了解其他信息，这就需要查看对照明细表中的信息，需要用表格来表达其中的信息。

1. 创建表格

1) 表格命令的启动

(1) 菜单启动：单击"绘图(D)"→"表格"。

(2) 绘图工具栏启动：单击绘图工具栏上的表格"▥"按钮。

(3) 命令行启动：在命令行窗口中输入 TABLE 命令。

表格启动命令执行后，会出现如图 6-53 所示的"插入表格"对话框。

2) "插入表格"对话框

"插入表格"对话框用于产生一个有确定行与列的表格，对于该对话框的设置，只需要设置行、列的数量及行高与列宽。其他如"表格样式"在练习中可不选择，正规使用表格时，应先建立"表格样式"。如在 CAD 绘图区插入一个 3 行(行高 30)、3 列(列宽 80)带表头的表格，可在该对话框中进行设置，插入的表格见图 6-54。

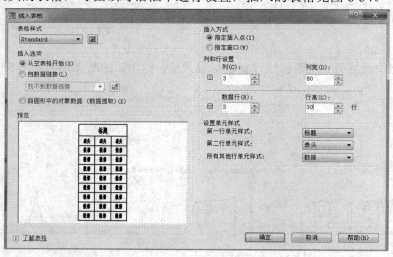

图 6-53　"插入表格"对话框

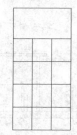

图 6-54　创建的表格

2. 定义表格样式

表格使用前，最好先定义表格样式。由于表格涉及数据，还需要定义文字样式，使用表格样式时，将"样式工具栏"调出。样式工具栏的说明见图 6-55。

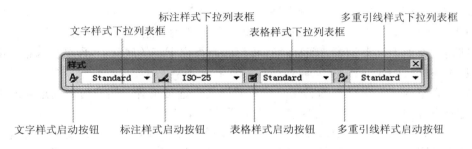

图 6-55 样式工具栏

"表格样式"的启动方式如下所述。

(1) 工具栏启动：单击如图 6-55 所示的"样式"工具栏上的"表格样式"按钮。

(2) 菜单启动：单击"格式(O)"→"表格样式(B)"。

(3) 命令行窗口启动：在命令行窗口输入 TABLESTYLE 命令。

AutoCAD 弹出如图 6-56 所示的"表格样式"对话框。

其中，"样式"列表框中列出了满足条件

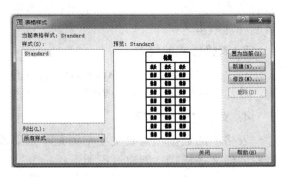

图 6-56 "表格样式"对话框

的表格样式；"预览"图片框中显示出表格的预览样式，"置为当前"和"删除"按钮分别用于将在"样式"列表框中选中的表格样式置为当前、删除选中的表格样式；"新建"、"修改"按钮分别用于新建表格样式、修改已有的表格样式。

如果单击"表格样式"对话框中的"新建"按钮，AutoCAD 弹出"创建新的表格样式"对话框，如图 6-57 所示。通过对话框中的"基础样式"下拉列表选择基础样式，在"新样式名称"文本框中可输入如"元器件明细表"的样式名称，单击"继续"按钮，AutoCAD 弹出"新建表格样式"对话框，如图 6-58 所示。

图 6-57 "创建新的表格样式"对话框

图 6-58 "新建表格样式"对话框

"新建表格样式"对话框中，左侧有"起始表格"、"表格方向"下拉列表框和"预览图像框"三部分。其中，"起始表格"用于让用户指定一个已有表格作为新建表格样式的起始表格。"表格方向"列表框用于确定插入表格时的表方向，有"向下"和"向上"两个选择，"向下"表示创建由上而下读取的表，即标题行和列标题行位于表的顶部，"向上"则表示将创建由下而上读取的表，即标题行和列标题行位于表的底部。"预览图像框"用于显示新创建表格样式的表格预览图像。

　　"新建表格样式"对话框的右侧有"单元样式"选项组等，用户可以通过对应的下拉列表确定要设置的对象，即在"数据"、"标题"和"表头"之间进行选择。选项组中，"常规"、"文字"和"边框"三个选项卡分别用于设置表格中的基本内容、文字和边框。完成表格样式的设置后，单击"确定"按钮，AutoCAD返回到"表格样式"对话框，并将新定义的样式显示在"样式"列表框中。单击该对话框中的"确定"按钮关闭对话框，完成新表格样式的定义。

3. 表格样式的修改

　　对于一个没有使用过 AutoCAD 表格的用户来说，表格样式的定义不是一次就能完成的，需要反复修改，"修改"表格样式所用的对话框与"新建"对话框所用的命令是一致的。

4. 文字样式的创建

　　表格中的数据项需要文字来填充，如果数据比较多，而且字体大小有几种类型时，就需要创建文字样式，创建过程如下：

　　(1) 在"新建表格样式"对话框中，找到"单元"栏，依次单击"文字"选项组→"▭"，启动"文字样式"对话框。

　　(2) 在"文字样式"对话框中单击"新建"按钮，启动"新建文字样式"对话框，然后输入文字样式名称"样式1"，见图6-59。

图6-59　"文字样式"创建

　　(3) 在"文字样式"对话框左侧列表中选定"样式 1"，然后在"文字"下拉列表框中选定字体类型，在"高度"文本框中输入字体的大小，最后单击"置为当前"和"关闭"按钮，见图6-60。

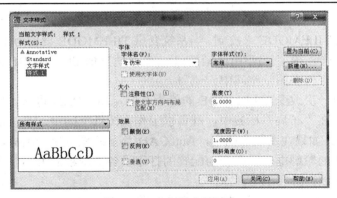

图 6-60　文字样式的创建

5. 表格的编辑

当表格样式和文字样式创建好以后，就可以插入表格了。图 6-61 是创建的 8×8 表格(包含表头和标题行)，表格操作主要有以下内容：

(1) 输入文字。

用鼠标点击表格单元格，可以输入文字，见图 6-61。

(2) 调整单元格的大小。

(3) 合并单元。

(4) 编辑单元格。

上述对表格的操作与 Microsoft Excel 软件基本相同，其他编辑功能，用户可尝试摸索，在此不再详细叙述。

图 6-61　输入文字

(二) 图形的输出

1. 模型空间与图纸空间

模型空间是完成绘图和设计工作的工作空间。使用模型空间中建立的模型可以完成二维或三维物体的造型，并且可以根据需求用多个二维或三维视图来表示物体，同时配有必要的尺寸标注和注释等来完成所需要的全部绘图工作。在模型空间中，用户可以创建多个不重叠的(平铺)视口以展示图形的不同视图。

图纸空间用于图形排列、绘制局部放入图及绘制视图。通过移动或改变视图的尺寸，可在图纸空间中排列视图。在图纸空间中，视口被作为对象，并且可用 AutoCAD 的标准编辑命令对其进行编辑。这样就可以在同一绘图页进行不同视图的放置和绘制(在模型空间中，只能在当前活动的视口中绘制)。每个视口能展现模型不同部分的视图或不同视点的视图。每个视图中的视图可以独立编辑、画成不同的比例、冻结和解冻特定的图层、给出不同的标注或注释。在图纸空间中，还可以用 MSPACE 命令和 PSPACE 命令在模型空间与图形空间之间切换。这样，在图纸空间就可以更灵活方便地编辑、安排及标注视图，以得到一幅内容详尽的图。

AutoCAD 既可以工作在模型空间和图纸空间中，也可以在模型空间和图纸空间之间切换，这由系统变量 TILEMODE 来控制。当系统变量 TILEMODE 设置为 1 时，将切换到"模型"标签，用户工作在模型空间中(平铺视口)。当系统变量 TILEMODE 设置为 0 时，将打开"布局"标签，工作在图纸空间中。

当在图形中第一次改变 TILEMODE 的值为 0 时，AutoCAD 将从"模型"标签切换到"布局"标签。而在"布局"标签中，既可以工作在图纸空间中，又可以工作在模型空间中(在浮动视口中)。如果在图纸空间中，AutoCAD 将显示图纸空间图标。同时，在图形窗口中，有一个矩形的轮廓框表示在当前配置的打印设备下图纸的大小。图形内的边界表示了图纸的可打印区域。

在打开"布局"标签后，可以按以下方式在图纸空间和模型空间之间切换。

(1) 通过使一个视口成为当前视口而工作在模型空间中。要使一个视口成为当前视口，双击该视口即可。要使图纸空间成为当前状态，可双击浮动视口外布局内的任何地方。

(2) 通过状态栏上的"模型"按钮或"图纸"按钮来切换在"布局"标签中的模型空间和图纸空间。当通过此方法由图纸空间切换到模型空间时，最后活动的视口成为当前视口。

(3) 使用 MSPACE 命令从图纸空间切换到模型空间，使用 PSPACE 命令从模型空间切换到图纸空间。

2. 创建和管理布局

在 AutoCAD 2008 中，可以创建多种布局，每个布局都代表一张单独的打印输出图纸。创建新布局后就可以在布局中创建浮动视口。视口中的各个视图可以使用不同的打印比例，并能够控制视口中图层的可见性。

1) 使用布局向导创建布局

单击菜单"工具"→"向导"→"创建布局"，打开"创建布局"向导，就可以指定打印设备、确定相应的图纸尺寸和图形的打印方向、选择布局中使用的标题栏或确定视口设置。也可以使用 LAYOUT 命令，以多种方式创建新布局。例如，可以从已有的模板开始创建，也可以从已有的布局创建或直接从头开始创建。这些方式分别对应 LAYOUT 命令的相应选项。另外，用户还可用 LAYOUT 命令来管理已创建的布局，如删除、改名、保存以及设置等。

2) 管理布局

右击布局标签，使用弹出的快捷菜单中的命令可以删除、新建、重命名、移动或复制布局。默认情况下，单击某个布局选项卡时，系统将自动显示"页面设置"对话框，供设置页面布局。如果以后要修改页面布局，可从快捷菜单中选择"页面设置管理器"命令。通过修改布局的页面设置，将图形按不同比例打印到不同尺寸的图纸中。

3. 布局的页面设置

在模型空间中完成图形的设计和绘图工作后，就要准备打印图形。此时，可使用布局功能来创建图形多个视图的布局，以完成图形的输出。当第一次从"模型"标签切换到"布局"标签时，将显示一个默认的单个视口并显示在当前打印配置下的图纸尺寸和可打印区域。也可以使用"页面设置"对话框对打印设备和打印布局进行详细的设置，还可以保存页面设置，然后应用到当前布局或其他布局中。

在 AutoCAD 2008 中,可以使用"页面设置"对话框来设置打印环境。单击菜单"文件"→"页面设置管理器"命令,打开"页面设置管理器"对话框,如图 6-62 所示,各选项的功能如下。

(1) "页面设置"列表框列举当前可以选择的布局。

(2) "置为当前"按钮将选中的布局设置为当前布局。

(4) "修改"按钮用以修改选中的布局。

(5) "输入"按钮打开"选择页面设置"对话框,可以选择已经设置好的布局设置。

当在"页面设置管理器"对话框中选择一个布局后,单击"新建"按钮将打开"新建页面设置"对话框,输入新页面名称后(见图 6-63),单击"确定"按钮,则打开"页面设置-模型"对话框,如图 6-64 所示。其中主要选项的功能如下:

(1) "打印机/绘图仪"选项组,指定打印机的名称、位置和说明。在"名称"下拉列表框中,可以选择当前配置的打印机。如果要查看或修改打印机的配置信息,可单击"特性"按钮,在"绘图仪配置编辑器"对话框中进行设置,如图 6-65 所示。

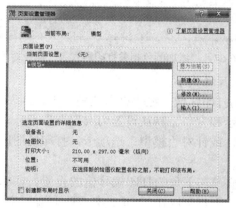

图 6-62 页面设置管理器

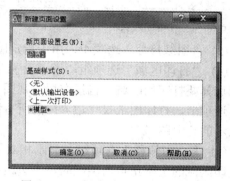

图 6-63 "新建页面设置"对话框

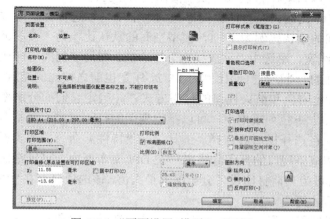

图 6-64 "页面设置-模型"对话框

图 6-65 "绘图仪配置编辑器"对话框

(2) "打印样式表"选项组,为当前布局指定打印样式和打印样式表。当在下拉列表框中选择一个打印样式后,单击"编辑"按钮可以使用打开的"打印样式表编辑器"对话框(如图 6-66 所示),查看或修改打印样式(与附着的打印样式表相关联的打印样式)。当在下拉列表框中选择"新建"选项时，将打开使用"添加颜色相关打印样式表"向导来创建新的打印样式表，如图 6-67 所示。另外，在"打印样式表"选项组中，"显示打印样式"复选框用于确定是否在布局中显示打印样式。

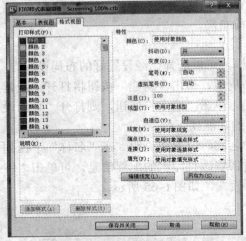

图 6-66　"打印样式表编辑器"对话框

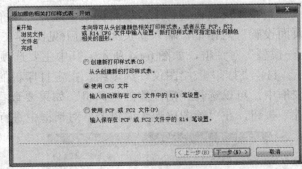

图 6-67　"添加颜色相关打印样式表"向导对话框

(3) "图纸尺寸"选项组，用于指定图纸的尺寸大小。

(4) "打印区域"选项组，用于设置布局的打印区域。在"打印范围"下拉列表框中，可以选择要打印的区域，包括布局、视图、显示和窗口。默认设置为布局，表示针对"布局"选项卡，打印图纸尺寸边界内的所有图形，或针对"模型"选项卡，打印绘图区中所有显示的几何图形。

(5) "打印偏移"选项组，显示相对于介质源左下角的打印偏移值的设置。在布局中可打印区域的上下角点由图纸的左下边距决定，用户可以在 X 和 Y 文本框中输入偏移量。如果选中"居中打印"复选框，则可以自动计算输入的偏移值以便居中打印。

(6) "打印比例"选项组设置打印比例。在打印比例下拉列表框中可以选择标准缩放比例，或者输入自定义值。布局空间的默认比例为 1 : 1，模型空间的默认比例为"按图纸空间缩放"。如果要按打印比例缩放线宽，可选中"缩放线宽"复选框。布局空间的打印比例一般为 1 : 1。如果要缩小为原尺寸的一半，则打印比例为 1 : 2，线宽也随之按比例缩放。

(7) "着色视口选项"选项组指定着色和渲染视口的打印方式，并确定它们的分辨率大小和 DPI 值。其中，在"着色打印"下拉列表框中，可以指定视图的打印方式。要将布局选项卡上的视口指定为此设置，应在选择视口后选择"工具"→"特性"命令；在"质量"下拉列表框中，可以指定着色和渲染视口的打印分辨率；在 DPI 文本框中，可以指定渲染和着色视图每英寸的点数，最大可为当前打印设备分辨率的最大值，该选项只有在"质量"下拉列表框中选择"自定义"后才可用。

(8) "打印选项"选项组，设置打印选项。例如打印线宽、显示打印样式和打印几何图形的次序等。如果选中"打印对象线宽"复选框，可以打印对象和图层的线宽；选中"打印样式"复选框，可以打印应用于对象和图层的打印样式；选中"最后打印图纸空间"复选框，可以先打印模型空间几何图形，通常先打印图纸空间几何图形，然后再打印模型空间几何图形;选中"隐藏图纸空间对象"复选框,可以指定"消隐"操作应用于图纸空间视口中的对象,该选项仅在布局选项卡中可用,并且该设置的效果反映在打印预览中,而不反映在布局中。

(9)"方向"选项组用于指定图形方向是横向还是纵向。选中"反向打印"复选框,还可以指定图形在图纸页上倒置打印,相当于旋转 180°打印。

4. 使用布局样板

布局样板是从 DWG 或 DWT 文件中导入的布局,利用现有样板中的信息可以创建新的布局。AutoCAD 提供了众多布局样板,以供用户在设计新布局环境时使用。根据布局样板创建新布局时,新布局中将使用现有样板中的图纸空间几何图形及其页面设置。这样,将在图纸空间中显示布局几何图形和视口对象,用户可以决定是保留从样板中导入的几何图形,还是删除几何图形。

AutoCAD 提供的布局样板文件的扩展名为".dwt",来自任何图形的任何布局样板都可以导入到当前图形中。

通常情况下,将图形或样板文件插入到新布局时,源图形或源样板文件保存的符号表及块定义信息都将插入到新布局中。但是,如果使用 LAYOUT 命令的"另存为(SA)"选项保存源样板文件,任何未经引用的符号表和块定义信息都不随布局样板一起保存。使用"样板(T)"选项可以在图形中创建新的布局,使用这种方法保存和插入布局样板,可以避免删除不必要的符号表信息。

任何图形都可以保存为样板图形,选择 LAYOUT 命令的"另存为(SA)"选项,所有的几何图形和布局设置都可保存为 DWT 文件。选项可以将布局保存为样板文件(DWT)。在"选项"对话框的"文件"选项卡中,可以在"样板设置"选项组的"样板图形文件位置"下拉列表框中设置样板文件的存放位置。

创建新的布局样板时,任何引用的符号定义都将随样板一起保存。如果将这个样板输入到新的布局,引用的符号定义将被输入为布局设置的一部分。建议使用 LAYOUT 命令的"另存为(SA)"选项创建新的小局样板,此时没有使用的符号表定义将不随文件一起保存,也不添加到输入样板的新布局中。

当然,也可以单击菜单"文件"→"另存为"命令,使用打开的"图形另存为"对话框,将图形保存为样板文件。

5. 打印图形

创建完图形之后,通常要将图形打印到图纸上,也可以生成一份电子图纸,以便从互联网上进行访问。打印的图形可以包含图形的单一视图,或者更为复杂的视图排列。根据不同的需要,可以打印一个或多个视口,或设置选项以决定打印的内容和图像在图纸上的布置。

🔘 项目小结

本项目介绍了变配电系统的特点、布局与规划方法。通过供配电系统的主接线图,给出了供配电系统变压器、保护接地、刀熔开关、熔断电阻、热继电器电磁线圈、电流互感器热继电器电磁线圈、避雷器、双绕组变压器、三绕组熔断器式断路器等的绘制过程,也介绍了绘制配电设备断面图的绘制方法。

项目习题

1. 绘制图 6-68 所示的采用全连式分相封闭母线的发电机-双绕组变压器单元接线断面图。

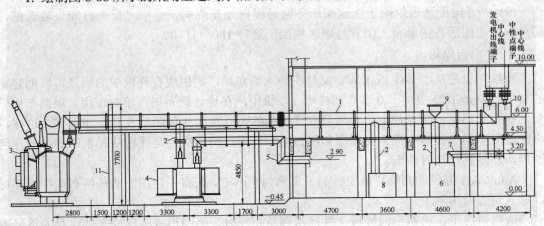

图 6-68　采用全连式分相封闭母线的发电机-双绕组变压器单元接线断面图

2. 绘制如图 6-69 所示的变电所用电的典型电气接线图。

3. 绘制如图 6-70 所示的某中型热电厂电气接线图。

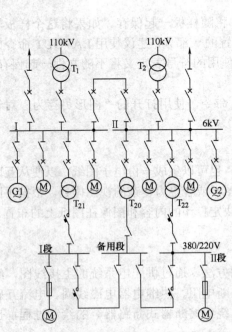

图 6-69　某变电所用电的典型电气接线图

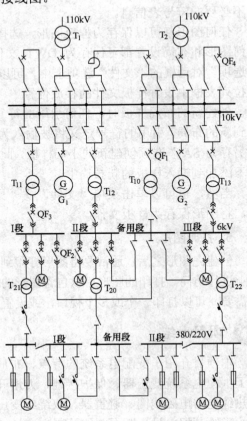

图 6-70　某中型热电厂电气接线图

项目七 变配电工程图识图与绘图(二)

⭐ 项目目标

通过识读和绘制某变电所电气平面布置图、35 kV 变电站电气平面布置图,掌握该类图形的绘制方法,具备绘制变/配电工程平面图的能力。

【知识目标】

1. 掌握电气平面布置图的有关知识
2. 熟练使用多线绘图命令绘制房屋墙面线
3. 掌握阵列工具在电气平面布置图中的使用
4. 掌握变电站平面布置图的绘制方法和过程

⭐ 项目描述

电气平面布置图大多与建筑有密切关系,电气设备的布线、安装都依赖于建筑,所以电气平面布置图是电气工程图和建筑平面图的结合。本项目介绍识读不同电气平面布置图的基本知识,利用网格线定位法对图 7-1 和图 7-22 所示的两张典型的变电所(站)电气平面布置图进行布局,掌握该类变配电工程图的识图和绘图方法。

任务 1 某变电所电气平面布置图识图与绘图

▣ 任务目标

【能力目标】

在仔细阅读图 7-1 所示变电所平面布置图的基础上,绘制变电所电气平面布置图,具备识读和绘制该类变配电工程图的能力。

【知识目标】

1. 掌握理解电气平面布置图的特征
2. 掌握绘制房屋平面图墙面线的绘制方法
3. 有意识地运用阵列工具绘制有关图形
4. 掌握变电所平面布置图的绘制方法

➡ 任务描述

电气平面图是变配电工程中常见的图形,这类图形主要反映变电站(所)中各设备之间的位置关系。掌握识读该类图形的方法,对掌握变电所的功能、组成、工作原理及日常维护有着重要的作用。通过识读和绘制图 7-1 所示的某变电所平面布置图,掌握绘制该类变配电工程图的技能。

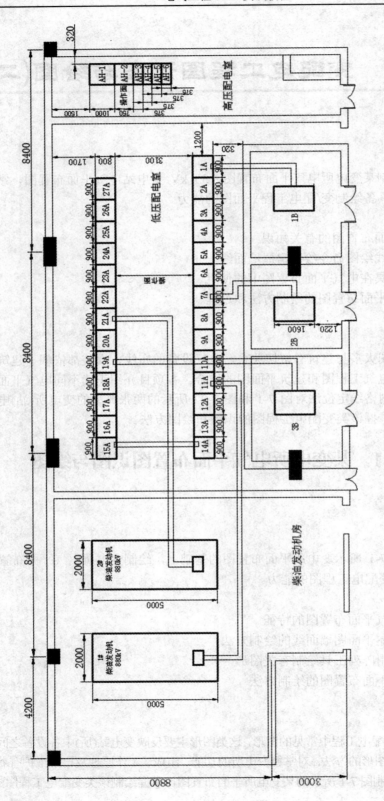

图 7-1 某变电所的电气平面布置图

相关知识

(一) AutoCAD 阵列工具的使用

阵列"器"命令与镜像、偏移等命令一样，具有复制图形的功能，但使用阵列命令具有批量复制图形的功能，复制产生的图形可以按照行与列的形式排列，即矩形阵列，也可以围绕某圆心呈环形排列。阵列复制的每个对象都可单独进行编辑。

1. 阵列"器"命令启动方式

(1) 工具栏启动：单击修改工具栏上的阵列"器"按钮。

(2) 菜单启动：单击"修改(M)"→"阵列(A)"。

(3) 命令行窗口启动：在命令行中输入 ARRAY 或 AR。

上述任何一种启动方式，都会启动图 7-2 所示的"阵列"对话框，该对话框对图形对象可进行"矩形"阵列和"环形"阵列。

图 7-2 　"阵列"对话框

2. 矩形阵列创建

在"阵列"对话框启动后，单击"矩形阵列"按钮，输入矩形阵列后生成的副本的行数和列数、行间距(行偏移)和列间距(列偏移)以及阵列的旋转角度。如对如图 7-3(a)所示矩形中直径为 10 的圆进行 3×4 的矩形阵列，其步骤如下：

(1) 启动图 7-2 所示的对话框。在"行(W)"与"列(O)"文本框中分别输入 3 和 4。

(2) 在"行偏移"和"列偏移"文本框中分别输入 10 和 13，阵列的角度输入 0。

(3) 单击图 7-2 对话框中的"选择对象"按钮，选择直径为 10 的圆，然后右单击，阵列结果见图 7-3(b)。

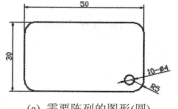

(a) 需要阵列的图形(圆)

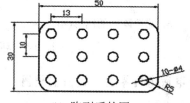

(b) 阵列后的圆

图 7-3 　矩形阵列图形

3. 环形阵列

环形阵列是在一个有形或无形的圆周上复制出形状相同但位置不同的多个图形。环形阵列对话框见图 7-4。在本例中被阵列的图形对象为圆(见图 7-5(a)),环形阵列的结果是 6 个半径相同的圆沿 360° 的圆周分布。环形阵列的操作如下:

(1) 单击阵列 "器" 按钮,启动阵列对话框,见图 7-4。

(2) 单击选择 "环形阵列" 按钮。

(3) 在 "项目总数(I)"、"填充角度(F)"、"项目间角度(B)" 文本框分别输入 6、360 和 60。

(4) 单击 "拾取中心点" 按钮,选择图 7-5(a) 的大圆圆心。

(5) 单击 "选择对象" 按钮,选择小圆,然后右单击确定,这时返回到图 7-4 所示的对话框中,再单击 "确定" 按钮,即可完成环形阵列,阵列效果见图 7-5(b)。

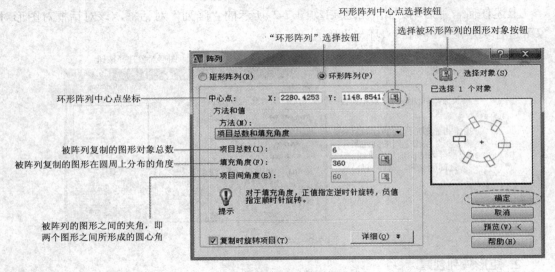

图 7-4　环形阵列对话框

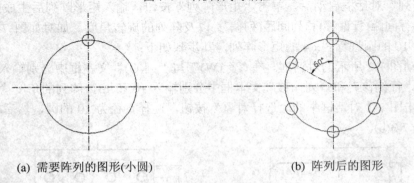

(a) 需要阵列的图形(小圆)　　　　　(b) 阵列后的图形

图 7-5　环形阵列复制图形

(二) 变电所电气平面布置图的识图

图 7-1 所示为某变电所的电气平面布置图,电气设备均布置在建筑物(房屋)内部,各设

备之间、各设备和建筑物的墙面有安装位置的要求。变电所由柴油发电机房、低压配电室、高压配电室、变压器室四部分构成，变压器室有三间房屋，安装了三台变压器，所有设备之间的导线连接用两根平行线来表示，并给出了连接方式和线路走向。

柴油发电机房(见图 7-6)内有两台 880 kW 的柴油发电机组，作为备用应急电源。图中用两个 5000 × 2000 mm 的矩形表示柴油机发电机组的最大安装尺寸，并非柴油机组的外形尺寸。用矩形表示安装设备是许多电气设备平面布置图常用的表示方式。由于该发电机房面积较大，柴油机发电机组安装时，可根据房屋情况进行布置，因此，没有给出具体的安装位置尺寸。

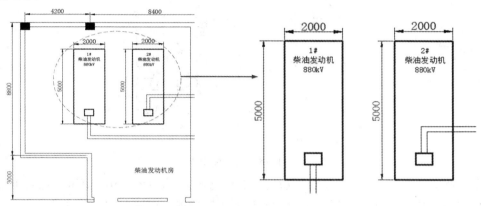

图 7-6 柴油发电机房

低压配电室的主要功能是将变成低压的电流经过配电柜出线端(见图 7-7)输出。低压配电柜共有两排，前面一排配电柜共有 14 组，柜子尺寸为 900 mm × 800 mm，后面一排配电柜共有 13 组，柜子尺寸为 900 mm × 800 mm，安装的位置尺寸见图 7-1。两排配电柜平行放置在墙面的两侧，设备间连接导线，走向与连接信息用两根平行线表示。配电柜的操作面朝内放置，两组相对，便于操作人员操作。

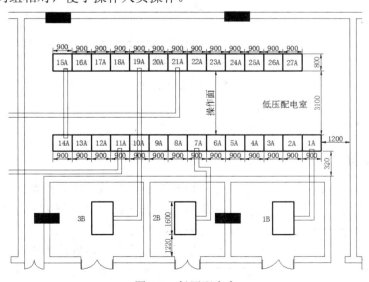

图 7-7 低压配电室

　　高压配电室主要功能是按照用电要求，将高压侧进入的电流进行变压，并经过高压配电柜出线端输出(见图 7-8)。高压配电柜共有 6 组，其中 4 组大小为 850 mm × 375 mm，一组为 850 mm × 750 mm，另一组为 850 mm × 1000 mm，并且给出了在房间中的安装位置尺寸。图中的"操作面"标识，用于提示技术人员安装时，配电柜的操作及显示面应朝内放置(不能面对墙面)。

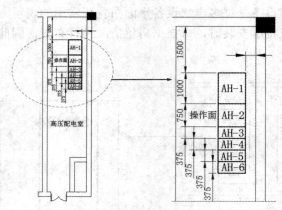

图 7-8　高压配电室

　　变压器室共有三台变压器，分别放置在 3 间房屋室内(见图 7-9)。变压器也用矩形(图中的 1B、2B、3B)来表示，矩形尺寸表示的是变压器的最大占地尺寸，而非变压器的外形尺寸。由于三台变压器型号相同，所以图中只标明了一台变压器的占地尺寸及安装位置尺寸，并用两根平行线来表示设备间连接线的走向。

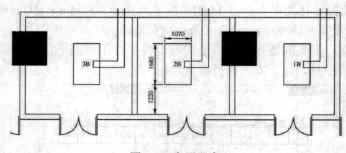

图 7-9　变压器室

🔍 任务实施

(一) 创建绘图文件

(1) 在硬盘目录"E:"中创建名称为"电气平面布置图"的文件夹。

(2) 创建绘图文件：单击"文件(F)→新建(N)"菜单，启动"选择样板"对话框。选择"acadiso.dwt"类型，创建名称为"Drawing1.dwg"的文件。

(3) 另存文件：单击"文件(F)"→"另存为(A)…"菜单，启动"图形另存为"对话框。然后单击"保存于"下拉列表框，在"文件名:"后的文本框中输入文件名"变电所电气平面布置图"，单击"保存"按钮，完成了文件创建。

(二) 创建图层

图 7-1 所示的某配电所的电气平面布置图是按照真实比例绘制的，其组成主要有墙面线、设备、连接线路、尺寸标注和文字标注等，因此创建五个基本图层，为方便绘制墙面线，再创建一个辅助线图层，具体见图 7-10。

1. 创建图层

(1) 单击图层工具栏上的图层特性管理器"▨"按钮，启动"图层特性管理器"对话框。

(2) 单击"新建图层"按钮"▨"，创建"墙面线"、"设备"、"连线"、"尺寸标注"、"辅助线"和"文字标注"等 6 个图层，见图 7-10。

2. 设置图层特性

(1) "墙面线"图层的线型为 continuous，即连续线，线宽为 0.3mm，图层颜色设置为黑色。

(2) "设备"图层的线型为连续线，线宽为 0.3mm，图层颜色设置为黑色。

(3) "连线"图层的线型为连续线，线宽小于 0.3mm，图层颜色设置为黑色。

(4) "辅助线"图层的线型为短点画线(ISO dash dot)，线宽小于 0.3mm，图层颜色设置为黑色。

(5) "尺寸标注"和"文字标注"图层的线型为连续线，线宽小于 0.3mm，图层颜色为黑色。

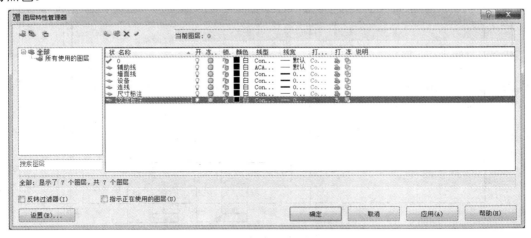

图 7-10　图层的创建

(三) 电气平面布置图的布局

由于平面图尺寸太大，在现有 AutoCAD 绘图区绘图不够方便，现将图纸缩小 100 倍。

1. 绘制墙面线

1) 多线样式的定制

(1) 单击"格式(O)→多线样式(M)"菜单，启动"多线样式"对话框。

(2) 定制多线样式。多线样式的名称为"墙面线",起点和端点的封口线为直线,角度为 90°,两条线的偏移量分别为 0.5 和-0.5,设置完成后,将该样式"置为当前",具体定制过程见项目六"相关知识"的有关内容。

2) 绘制墙面辅助线

将图层切换到"辅助线图层",锁定其他图层。为便于使用多线绘制墙面线,作图 7-11 所示的墙面辅助线。以低压配电柜的基本尺寸 9 为基数,来估计各房屋水平辅助线的尺寸,垂直辅助线是按照平面图给出的尺寸来绘制的。为便于说明墙面辅助线的绘制过程,对辅助线的尺寸进行标注,标注尺寸后的墙面辅助线见图 7-12,图中有些尺寸仅供参考。

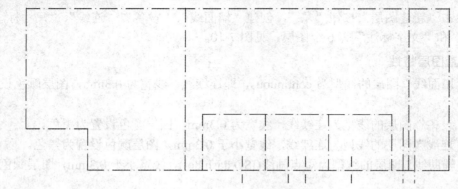

图 7-11　墙面线辅助线

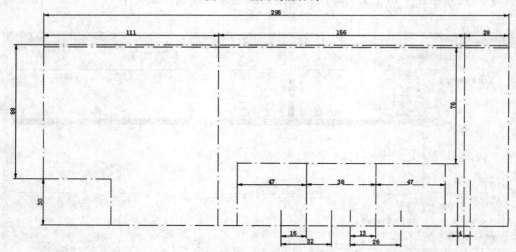

图 7-12　标注尺寸后的墙面辅助线

3) 绘制墙面线

(1) 将图层切换到"墙面线"图层并解锁,将其他图层锁定。

(2) 在命令行窗口输入 mline 命令,启动多线命令。

(3) 沿着辅助线给出的路径,用多线命令绘制墙面线。在执行多线命令的过程中,需要将"对正"选项设置为"无","比例"选项设置为 3,或者 2,这样多线的中间部位便能沿着辅助线对齐,见图 7-13。

在图 7-13 中,用虚线椭圆形、矩形、鸡蛋形三种图形标出了两组多线相交的区域,提示用户这些相交点要进行编辑(用户绘图时，不需要绘制这些图形)。

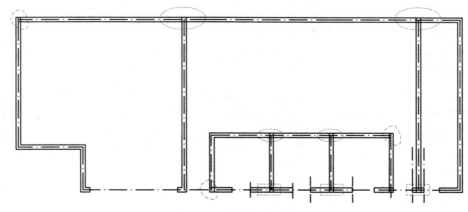

图 7-13　绘制的墙面线

(4) 墙面线的编辑。双击多线，启动多线编辑工具，对图 7-13 中的墙面线交点处的形状进行编辑。图 7-13 中多线相交处的形状有"角点结合"、"T 型打开"和"十字形打开"三种，对应到图 7-13 中分别为鸡蛋形、矩形和椭圆形虚线框，在"多线编辑工具"对话框中分别选择工具进行编辑，编辑后的效果见图 7-14。

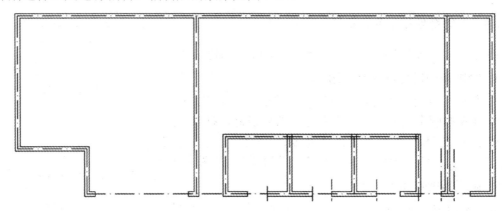

图 7-14　编辑后的墙面线

2. 绘制电气设备定位线

变电所房屋的平面结构图画好后，对房间中的设备进行定位，宽度方向的定位线尺寸按照图 7-1 所给的尺寸(缩小 100 倍后的尺寸)进行画线，长度方向的定位线尺寸需要估计。

(1) 画高压配电室设备定位线。高压配电室的五组配电柜最后端距后墙的距离为 15，靠右侧墙的距离为 3.2，其余尺寸见图 7-1。

(2) 将图层切换到"定位线"图层并解锁，将其他图层锁定。

(3) 画柴油机房设备的定位线。柴油机距离最上端墙面线(后墙)的距离为 15，距离右侧墙的距离定为 17~18，两组柴油机之间的间距定为 20 左右。

(4) 画低压配电室设备定位线。最后面一组配电柜距后墙的距离为 17，距离右墙的距离为 21，前面一组的定位线的位置可根据图 7-1 给出的尺寸确定。变压器室中的三组变压器分布在三间房屋中，其定位线距离前面墙的距离为 12.2，最左边的变压器右边线与门口基本平齐，中间变压器的左边线与门口平齐，最右侧的变压器右边线与门口平齐。

(5) 画通风口定位线。变电所后墙分布有五个通风口，其定位线尺寸在图 7-1 中已标出，变压器室的两个通风口定位线与变压器的中心位置平齐，距离变压器室的后墙距离为 17。

所有设备定位线见图 7-15。

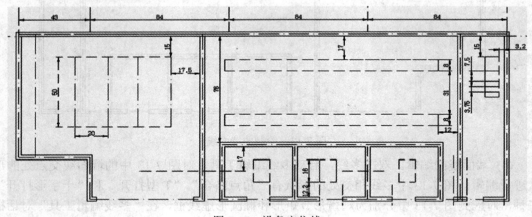

图 7-15　设备定位线

(四) 绘制变电所设备示意图

将图层切换到"设备"层并解锁，同时锁定其他图层。

1. 绘制柴油机房设备示意图

沿着图 7-15 所示的定位线画出两组柴油机示意图，并画出边长为 6 的两个正方形，代表发电机的接线盒，打开状态工具栏上的"对象追踪"工具，使用移动"✥"工具，将两个正方形移动到两个大矩形纵向轴线合适的位置，见图 7-16。

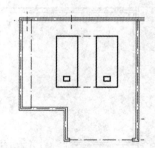

图 7-16　绘制柴油发电机组

2. 画低压配电室设备示意图

低压配电室前排一组配电柜总共 14 个，每个配电柜的尺寸为 9×8，后排的一组总共 13 个，尺寸为 9×8，绘制过程如下：

(1) 单击矩形"▭"按钮，分别在前排配电柜和后排配电柜上各画出一个尺寸为 9×8 的长方形配电柜，见图 7-17(a)。

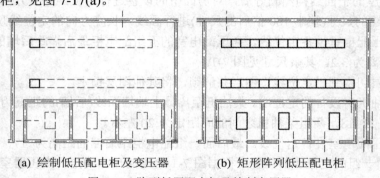

(a) 绘制低压配电柜及变压器　　　　(b) 矩形阵列低压配电柜

图 7-17　阵列低压配电柜及绘制变压器

(2) 单击阵列"⌗"按钮，阵列前排低压柜时，矩形阵列对话框中的参数设置为 1 行、14 列，偏移距离为 1，列偏移距离为 9；阵列后排低压柜时，矩形阵列对话框中的参数设置为 1 行、13 列，偏移距离为 1，列偏移距离为 9。阵列图形见图 7-17(b)。

3. 绘制低压配电室中的变压器示意图

低压配电室中有三个变压器，其宽度为 16，长度未给出，可以定为 10，单击直线"╱"按钮，沿着画出的定位线，画出三个变压器，见图 7-17(b)。

4. 绘制高压配电柜设备示意图

高压配电柜总共有五个，其中最上面三个柜子的尺寸相同，都为 8.5 × 3.75，另外两个柜子的尺寸分别为 8.5 × 10、8.5 × 7.5，单击直线"╱"按钮，沿着定位线画出五个高压配电柜，见图 7-18。

5. 绘制通风口示意图

图 7-1 中的五个通风口尺寸不完全一样，都用黑色的矩形框代表。柴油机机房的两个通风口和高压配电室的一个通风口，尺寸定为 6 × 5 左右，低压配电室的四个通风口尺寸定为 12 × 5 左右。绘制过程如下：

(1) 单击"矩形▭"按钮，绘制矩形。

(2) 单击图案填充"▨"按钮，用"SOLID"图案填充矩形。

(3) 单击复制"❀"按钮，将画好的矩形复制到相应的定位线位置上，应注意的是复制变压器室的两个矩形通风口时，要启动"对象追踪"工具，将复制的基点捕捉到矩形的中心点上，然后再移动，见图 7-18。

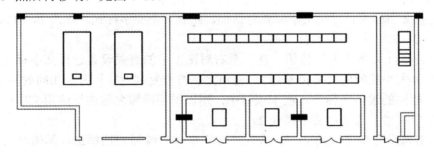

图 7-18　绘制高压配电柜、变电室通风口(黑色的矩形)和配电室房门

6. 绘制变电所房门示意图

柴油机房门用一个长方形表示，和墙面线的宽度相同，长度用户自定，只要匀称美观就可以了。变压器室的两个门和高压配电室门的形状由两段圆弧组成，可用圆弧"⌒"工具绘制，见图 7-18。

(五) 绘制设备连接线

设备连接线采用多线绘制，保持原来的多线样式不变，在执行 mline 命令时，不需要修改命令中的选项参数，即比例依然为 2(小于墙面线的比例)，对正方式为"无"。

1. 绘制设备连接线定位线

设备位置一定，设备之间的连接线的位置就基本确定了。单击直线"╱"按钮，先画出导线连接定位辅助线后，再画连接线就容易些，定位辅助线见图 7-19(a)中的虚线部分。

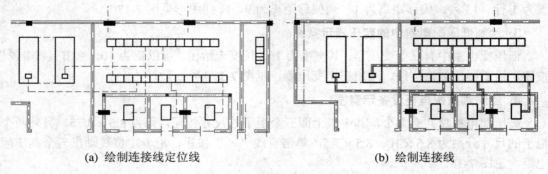

(a)　绘制连接线定位线　　　　　　　　　　　　　(b)　绘制连接线

图 7-19　绘制设备连接线

2. 绘制设备连接线

将图层切换到"连线"层并解锁，锁定其他图层。启动多线命令，将命令中的"比例"选项修改为 2，然后沿着定位辅助线绘制设备连接线，见图 7-19(b)。

（六）文字标注和尺寸标注

1. 文字标注

将图层切换到"文字标注"图层并解锁，锁定其他图层。检查图形是否有漏画的线和设备，无误后进行文字标注，标注的操作过程如下所述。

(1) 定制文字样式。启动文字样式对话框，建立 2 个文字样式：样式 1、样式 2。文字高度分别为 3、2.5，字体为长仿宋体。

(2) 单击多行文字"**A**"按钮，从左至右对图形中的有关设备进行文字标注，最好先标注一个字体大小相同的文字符号，然后将该文字符号复制到字号大小相同的其他设备中，即字体大小相同的设备先标注。在本项目中，用以说明房屋名称的标注用文字样式 1，用以标注配电柜规格参数的用文字样式 2。

(3) 双击每个设备旁边的文字，进入"文字格式"编辑对话框进行编辑和修改，标注文字后的电气平面图见图 7-20。

2. 尺寸标注

将图层切换到"尺寸标注"图层并解锁，锁定其他图层。由于上述图形是缩小 100 倍后所画，标注时，要标出实际尺寸，即按照图 7-1 所示的尺寸进行标注。

(1) 定制尺寸标注样式。启动标注样式对话框，建立三个标注样式：样式 1、样式 2 和样式 3。样式 1 的箭头大小为 3，字体高度为 3，比例因子为 100(尺寸放大 100 倍)。

样式 2 的箭头大小为 2，字体高度为 2.5，比例因子为 100；样式 3 的箭头大小为 2，字体高度为 2，比例因子为 100。

(2) 标注墙面线及通风口尺寸用标注样式 1。先用线性"⊢⊣"工具标注一个尺寸，再启动连续标注"⊞"工具进行连续标注，能保证尺寸线在一条直线上。

(3) 变压器及柴油发电机采用标注样式 2 标注，用线性"⊢⊣"工具标注。

(4) 配电柜统一使用标注样式 3 进行尺寸标注。标注配电柜尺寸时，先用线性"⊢⊣"工具标注一个柜子的尺寸，再启动连续标注"⊢⊢⊢"工具进行连续标注，能保证尺寸线在一条直线上。

尺寸标注后的图形见图 7-20。

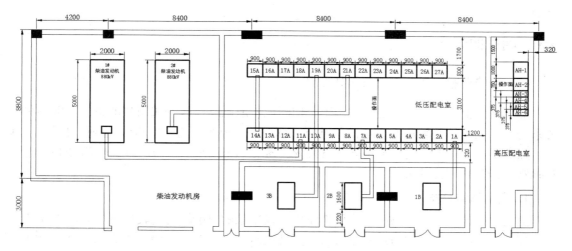

图 7-20 文字标注和尺寸标注

 任务小结

通过任务 1"某变电所电气平面布置图识图与绘图"的学习，明确了变电所电气平面布置图识图和绘图的方法和过程，熟悉了多线、阵列工具在绘制房屋平面图及设备图中的应用。在此需要强调以下两点：

(1) 在用多线工具绘制图形时，需要先绘制多线的辅助线，然后沿着辅助线绘制多线，这样画出的图形尺寸是准确的。

(2) 绘制电气平面布置图时，先绘制房屋的结构平面图，再绘制房屋内的电气设备图，画设备的示意图时，先画出设备的定位线，这样布局会比较匀称美观。

任务 2　35 kV 变电站电气平面布置图识图与绘图

 任务目标

【能力目标】

具备识读和绘制室外电气平面布置图和综合运用 AutoCAD 工具绘图的能力。

【知识目标】

1. 熟悉室外变电站电气平面布置图识图的常识
2. 掌握室外变电站电气平面布置图绘图的方法和过程

任务描述

变电站中的设备一般在室外布置，熟读平面图有利于掌握变电站设备的布置情况、组成、工作过程和工作原理。通过任务实施，达到掌握识读和绘制变电站平面布置图的目的。

相关知识

(一) 变电站的分类、组成和工作原理

变电站是把一些设备组装起来，用于切断或接通电路，改变或调整电路的电压。在电力系统中，变电站是输电和配电的集结点。变电站主要组成为：馈电线(进线、出线)、母线、隔离开关、接地开关、断路器、电力变压器(主变)、站用变电压互感器 TV(PT)、电流互感器 TA(CT)和避雷器等。

1. 变电站的分类

变电站是改变电压的场所。为了把发电厂发出来的电能输送到较远的地方，必须把电压升高，变为高压电，到用户附近再按需要把电压降低，这种升降电压的工作靠变电站来完成。变电站按规模大小进行分类，小的称为变电所，大的称为变电站。

2. 变电站的组成与工作原理

变电站主要由变压器、电压互感器和电流互感器、开关设备和防雷设备等组成。变压器按其作用可分为升压变压器和降压变压器。前者用于电力系统送端变电站，后者用于受端变电站。变压器的电压需与电力系统的电压相适应。为了在不同负荷情况下保持合格的电压，有时需要切换变压器的分接头。电压互感器和电流互感器把设备和母线的负荷或短路电流，按规定比例转换为测量仪表、继电保护及控制设备的低电压和小电流。开关设备包括断路器、隔离开关、负荷开关、高压熔断器等，这些设备都是断开和合上电路的设备。断路器在电力系统正常运行的情况下用来合上和断开电路；故障时在继电保护装置控制下自动把故障设备和线路断开，还可以有自动重合闸的功能。避雷器是为了防止变电站遭受直接雷击，将雷电电流引入大地。

(二) 35 kV 变电站电气平面布置图

图 7-21 所示的变电站属于户外型变电站，没有房屋，所有设备都是在建筑基础上安装的，图中详细给出了从 35 kV 进线经过变压器设备到 10 kV 出线设备及线路的连接方式。图中所有设备和线路都不是按照真实外形绘制的，而是用设备符号示意表示的，图中尺寸表示设备安装和占地等信息。整个电气图按照线路走向可以分为三部分：35 kV 高压侧线路(进线侧)、35 kV/10 kV 变压器及连接设备、10 kV 输出线路(出线侧)，图 7-22 用虚线矩形框来表示其功能的划分。

35 kV 高压侧线路主要有 35 kV 左侧门形架、右侧门形架和备用变压器等设备(见图 7-23)；35 kV/10kV 变压器及连接设备见图 7-24；10 kV 输出线路各设备见图 7-25。

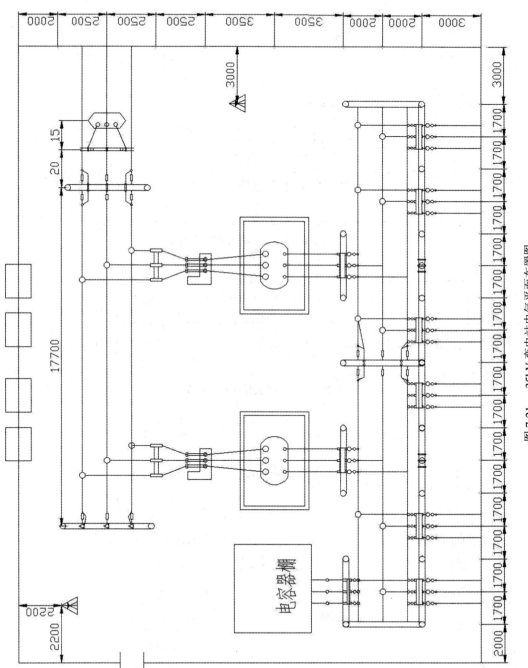

图 7-21 35kV 变电站电气平面布置图

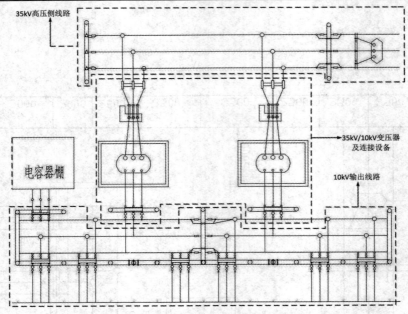

图 7-22　变电站的电气平面布置图功能划分

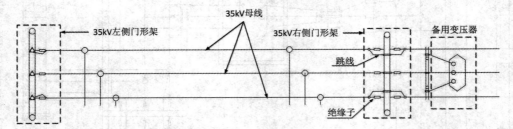

图 7-23　35kV 高压侧线路及设备

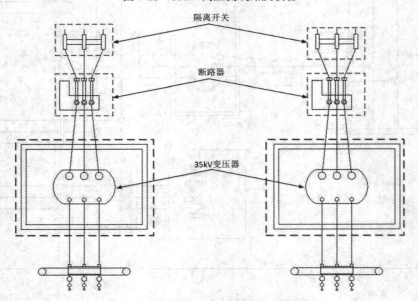

图 7-24　35 kV/10 kV 变压器及连接设备

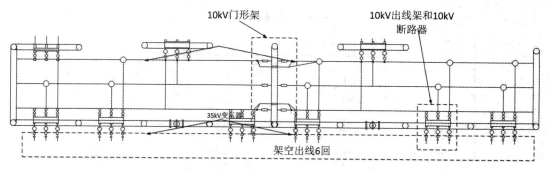

图 7-25 10 kV 输出线路及设备

任务实施

(一) 创建绘图文件

绘图文件具体的创建过程可参照照本项目任务 1"任务实施"的有关内容。

(二) 创建图层

图 7-21 所示的 35 kV/10 kV 变电站电气平面布置图主要由变电设备、连接导线、文字标注、尺寸标注等组成,可创建 6 个图层,其中包含了辅助线和定位线图层,见图 7-26。

除了设备层和连线层的线宽设置为 0.3 mm 外,其他图层的线型、颜色、线宽等主要参数采用系统默认设置,如有需要可修改图层参数。

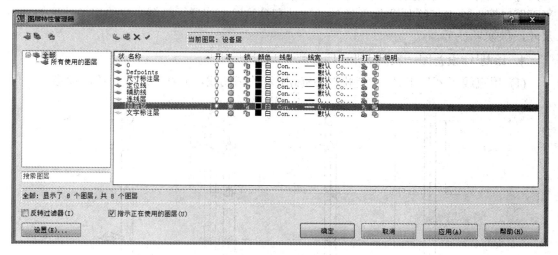

图 7-26 创建图层

(三) 对图纸中的设备进行编号

为了便于叙述图形的绘制过程,将图 7-21 中的设备用矩形虚线框包围并进行编号,见图 7-27。已编号的设备,单独绘制图形,并做成块,以便于图形的插入和编辑。

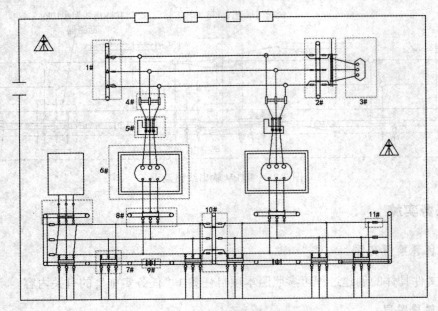

图 7-27 对设备或元器件进行编号(矩形虚线框)

(四) 绘制设备图

在图 7-21 所示的变电站电气平面布置图中，已全部给出了设备/元器件的横向和纵向定位尺寸，实际上设备/元器件的外形尺寸也已基本确定，将原图尺寸缩小 100 倍来绘制电气平面图。下面给出了绘制设备/元器件的方法和分解绘制步骤，绘图中也给出了外形的具体尺寸，供读者参考。

1. 绘制 1#设备图—左侧 35kV 门形架

(1) 用直线 " ✏ " 工具，绘制图 7-28(a)所示的辅助线，并在辅助线上绘制图形。

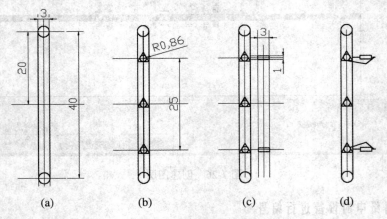

图 7-28 1#设备—门形架的绘制过程

(2) 用直线 " ✏ " 工具，绘制图 7-28(b)所示的辅助线，启动正多边形 " ⬠ " 命令，在门型架中间位置绘制一个等边三角形，并在等边形内部画出半径为 0.86 的圆，然后单击镜像"⚠"按钮，镜像画出门型架上端和下端的等边三角形及内部的圆。

(3) 用直线"✏"工具，在图 7-28(c)中绘制辅助线，然后画出绝缘子后，再将绝缘子复制到门型架的下端位置。

(4) 画出绝缘子连接导线后，删除所有辅助线，得到图 7-28(d)所示的图形。

2. 2#设备—35kV 门形架绘制

(1) 用直线"✏"工具绘制图 7-29(a)所示的辅助线，然后在辅助线上绘制图形。

(2) 用直线"✏"工具绘制图 7-29(b)所示的辅助线，启动矩形"▢"、圆"⊘"等绘图工具，按照辅助线给定尺寸，画出两个矩形(绝缘子)和一个直径为 1 的圆(接线头)，然后启动复制"♻"工具，将矩形和圆复制到右侧其他位置，启动镜像"⚠"工具，沿垂直的中心辅助线，镜像得到另外一侧的图形，见图 7-29(c)。

(3) 用直线"✏"工具绘制图 7-29(c)所示的辅助线，画出长度为 2、宽度为 0.6 的矩形和直径为 1.4 的圆，然后启动复制"♻"工具，将圆和矩形复制到对称的位置上。

(4) 画出连接线后，删除所有辅助线，得到图 7-29(d)的图形。

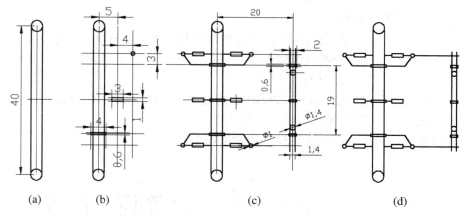

图 7-29　2#—35kV 出线架构和断路器图的绘制过程

3. 3#设备—备用变压器绘制

(1) 用直线"✏"工具绘制图 7-30(a)所示的辅助线，然后在辅助线上绘制一个菱形。

(2) 用直线"✏"工具绘制图 7-30(b)所示的辅助线，启动圆"⊘"绘图工具，先在左上角画出一个直径为 2 的圆，再启动复制"♻"工具，将圆复制到其他位置，见图 7-30(b)和 7-30(c)。

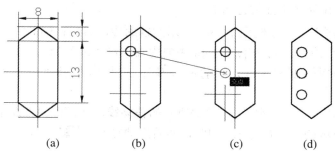

图 7-30　3#设备—备用变压器的绘制过程

(3) 删除所有辅助线，得到图 7-30(d)所示的图形。

4．4#设备—隔离开关绘制

(1) 用直线"✏"工具绘制图 7-31(a)所示的辅助线，然后用矩形"▭"工具在辅助线上绘制三个矩形。

(2) 用直线"✏"工具绘制图 7-31(b)所示的辅助线，并画出三个矩形之间的连线。

(3) 删除所有辅助线，得到图 7-31(c)的图形。

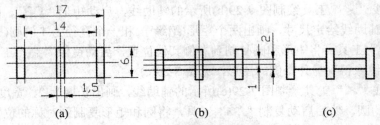

(a)　　　　　　　　(b)　　　　　　　　(c)

图 7-31　4#设备—隔离开关的绘制过程

5．5#设备—断路器绘制

(1) 用直线"✏"工具绘制图 7-32(a)所示的辅助线，然后在辅助线上绘制图形。

(2) 用直线"✏"工具绘制图 7-32(b)所示的辅助线，启动圆"◔"工具，画出三个大圆(直径为 2)、三个小圆(直径为 1)。

(3) 用直线"✏"工具绘制图 7-32(c)所示的辅助线，画出最左侧长度为 2、宽度为 1 的矩形后，启动复制"🐾"工具，将矩形复制到其他位置。

(4) 删除所有辅助线，得到图 7-32(d)所示的图形。

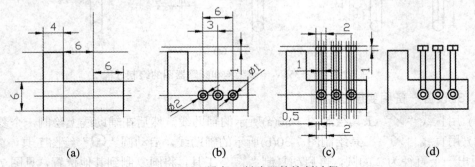

(a)　　　　　　(b)　　　　　　(c)　　　　　　(d)

图 7-32　5#设备—断路器的绘制过程

6．6#设备—35kV 主变压器图绘制

(1) 用直线"✏"工具绘制图 7-33(a)所示的辅助线，然后在辅助线上绘制矩形。

(2) 启动偏移"🗗"工具，在图 7-33(a)中向内偏移产生间距为 2 的矩形，再用直线"✏"工具绘制图 7-33(b)所示的辅助线，启动圆"◔"、直线"✏"等绘图工具，按照图中给定尺寸画图。

(3) 用直线"✏"工具绘制图 7-33(c)所示的辅助线，在矩形内部左上侧画出一个直径为 3 的圆，在左下侧画出直径为 1.5 的圆，然后启动复制"🐾"工具，复制画好的圆到其他位置。

(4) 删除所有辅助线，得到图 7-33(d)所示的图形。

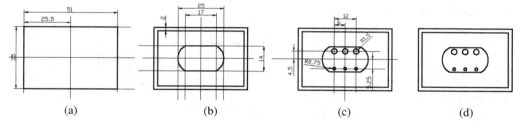

图 7-33　6#设备—35 kV 主变压器的绘制过程

7. 7#设备—10kV 出线架构和 10kV 断路器图绘制

(1) 用直线"✏"工具绘制图 7-34(a)所示的辅助线，然后在辅助线上绘制矩形。

(2) 用直线"✏"工具绘制图 7-34(b)所示的辅助线，启动圆"🕐"、直线"✏"等工具，沿着辅助线给定位置画出中心辅助线上的矩形，再启动复制"🐎"工具，将画好的矩形复制到其他位置(注意矩形的中间位置还画了一条垂直线)。

(3) 用直线"✏"工具绘制图 7-34(c)所示的辅助线，在图形的中心垂直辅助线上，按照图 7-34(d)中给出的直径，画出 6 个圆，然后启动复制"🐎"工具，将画好的圆复制到其他左右对称的位置上，见图 7-34(d)。

(4) 删除所有辅助线，得到图 7-34(e)所示的图形。

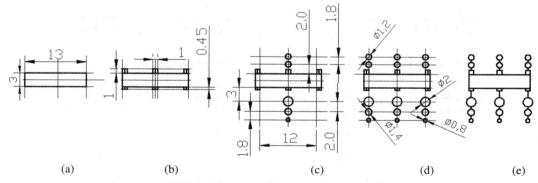

图 7-34　7#设备—10kV 出线架构和 10kV 断路器的绘制过程

8. 8#设备—10kV 门型架构和断路器图绘制

(1) 复制一个图 7-34(e)绘制好的 10kV 出线架构和 10kV 断路器图到图 7-34(a)中，并启动分解"✂"工具将其打散。

(2) 用直线"✏"工具绘制图 7-35(b)所示的辅助线，启动圆"🕐"、直线"✏"等工具，沿着辅助线在给定位置画出图形。

(3) 删除所有辅助线，得到图 7-35(c)所示的图形。

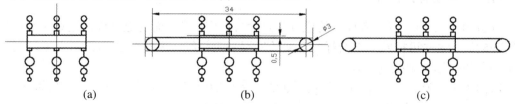

图 7-35　8#设备—10kV 门型架构和断路器图的绘制过程

9. 9#设备—线架绘制

(1) 用直线"╱"工具绘制图 7-36(a) 所示的辅助线，画出一个矩形后，再复制到其他对称位置。

(2) 启动圆"◯"工具，按照图中给定尺寸，在中心位置画圆，见图 7-36(b)。

(3) 删除所有辅助线，得到图 7-36(c) 所示的图形。

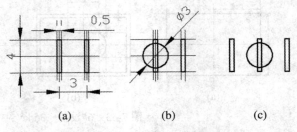

图 7-36　9#设备—线架绘制过程

10. 10#设备—10kV 门型架绘制

(1) 先复制一个 7-29(d)画好的图形到图 7-37(a)的位置上，并将其打散。

(2) 对照图 7-21 图形，将图 7-37(a)中不需要的图形删除，得到图 7-38(b)所示的图形。

(3) 用直线"╱"工具绘制图 7-37(c)所示的辅助线，然后按照图中的尺寸绘制四个直径为 1 的圆。

(4) 删除所有辅助线，得到图 7-37(d)所示的图形。

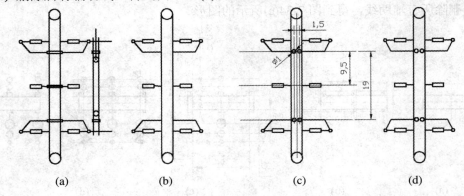

图 7-37　10#设备—10kV 门形架的绘制过程

11. 11#设备—绝缘子图绘制与其他简单元器件图形的绘制

绝缘子形状与电阻相似，绘制时，在本项目中外形尺寸长为 4，宽为 2。其他的元器件或设备都为简单设备，在线路连接图画完后，检查线路时画上即可。

所有设备/元器件外形图绘制完成后，将它们单独做成块。在进行"拾取点"操作时，一定要将设备的中心点作为拾取点，以便将块插入到网格定位线的节点上。

(五) 绘制设备的网格定位线

分析图 7-21 会发现所有标注的位置都是设备的定位线，而且定位线都过设备对称中心点所在的线，这样可按照原图的标注直接绘制网格定位线，并将尺寸标注在网格线的旁边，便于插入块时迅速地找到位置。

原图缩小 100 倍后，平面图总长为 322，宽为 235。绘制网格定位线的步骤如下：

(1) 启动矩形"▭"工具，画出一个长 322、宽 235 的矩形后，启动分解"▨"工具，将矩形打散。

(2) 启动偏移"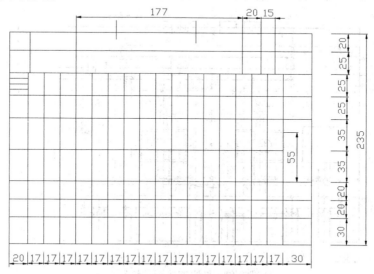"工具，按照图 7-21 标注尺寸，在长度方向和宽度方向上依次偏移，得到图 7-38 所示的图形。

(3) 启动偏移"⬚"工具，按照图 7-21 标注尺寸，在长度方向和宽度方向上依次偏移，得到图 7-38 所示的图形。

图 7-38　设备/元器件的网格定位线

(六) 插 入 块

35 kV 变电站电气平面布置图涉及到的块有 13 个，将本项目中绘制的块插入到对应的网格定位线节点上，见图 7-39。设备/元器件的位置一定，连接的导线位置也就基本确定了。

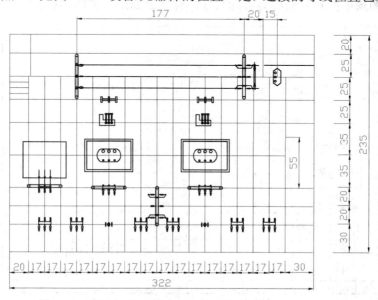

图 7-39　将设备/元器件块插入到网格定位线对应的节点上

(七) 绘制连接导线

将图 7-39 中所有设备/元器件用导线连接起来后，应在导线 "T" 字形连接处用小圆表示交点，先画好一个小圆，然后用复制 "🐛" 工具定点复制到所有交点处，并用修剪 "✂" 工具进行修剪，修剪完成后，仔细对照原图检查导线连接，导线连接见图 7-40。

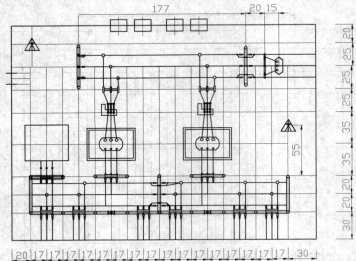

图 7-40　导线连接图的绘制

(八) 删除网格定位线并标注图形

将图 7-40 中的所有辅助线删除，然后建立一个 "文字高度为 7、箭头大小为 5" 的标注样式后标注图形，标注时启动标注工具栏上的编辑 "🅰" 标注工具，逐个修改目前图形中的尺寸，将图形中的尺寸修改为实际尺寸，标注后的图形见图 7-41。

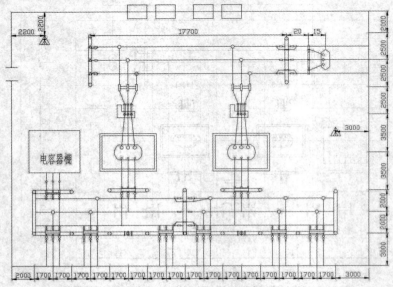

图 7-41　标注后的 35 kV 变电站电气面布置图

任务小结

本任务简要介绍了变电站的组成、分类和工作原理,并介绍了 35kV 变电站电气面布置图的识图和绘图的步骤及方法。在绘制布置图时,对图纸中出现的设备进行了编号,并绘制了设备图,将设备图单独做成了图块,以方便绘图。

 项目小结

本项目通过变电站(所)电气平面布置图(室内)、35 kV 变电站电气平面布置图(室外)的分析,介绍了不同电气平面布置图的识图常识,给出了利用定位线进行布局和定位、绘制无尺寸图形的方法,体现了网格定位线法在电气平面布置图中绘图的优越性,但在绘制诸如 35 kV 变电站这样的室外布置图时,一定要弄清楚各设备的外形尺寸,否则在绘制导线连接图时会特别麻烦,需要反复修改块的尺寸及位置。在绘制设备/元器件时,本项目进一步展示了如何应用"复制"、"镜像"、"偏移"等绘图工具来提高绘图效率。

项目习题

1. 绘制并识读图 7-42 所示的某住宅楼照明配电系统图。

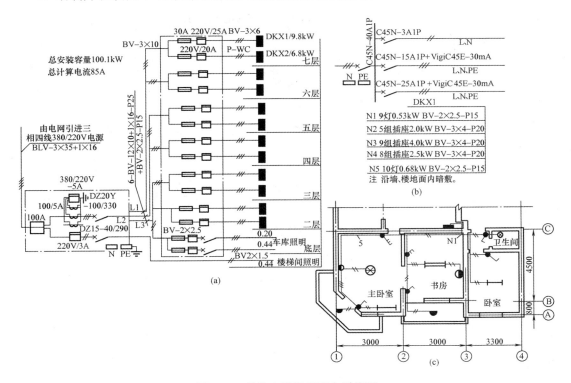

图 7-42 某住宅楼照明配电系统图

2. 绘制图 7-43 所示的配电所室内电气平面图。

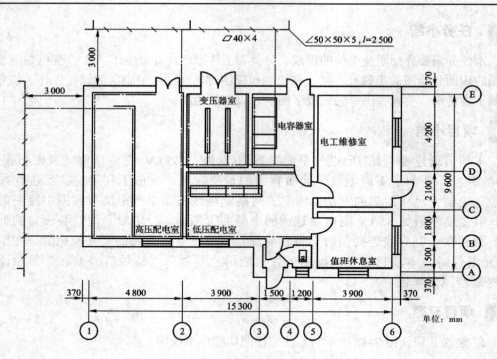

图 7-43　某 10 kV 变电所室内电气平面图

项目八　电气工程图绘图实训

⭐ 项目目标

【能力目标】

通过本项目各任务的实施,达到熟练使用 AutoCAD 工具绘制各类电气工程图的目标,并在绘图实践中总结绘图方法和绘图技巧,形成学生自己的绘图风格和一套完整的绘图方法。

【实践内容】

1. 绘制机械基架零件图
2. 绘制 27 MHzAM/FM 发射器电路图
3. 绘制 X62W 卧式万能铣床电气控制原理图
4. 绘制某工厂高低压变电所电气主接线图
5. 绘制 10 kV 室内变电所设备布置图
6. 绘制机床变频器端子接线图

⭐ 项目描述

在全面掌握 AutoCAD 各种命令的基础上,安排难度和复杂度适中的实训项目,有利于培养学生熟练运用 AutoCAD 工具绘制复杂图形的能力,强化绘图技能。本项目共安排了 6 个不同类型的电气工程图,学生独立完成绘制,教师现场辅导,并对学生的作品进行现场评判,指出不足。项目中的每个任务结束后,学生都要总结写出绘制该类图形的方法、步骤以及需要的绘图技巧。

任务 1　绘制机械基架零件图

 任务目标

【能力目标】

具备绘制机械零件图和识读三视图的能力。

【实践内容】

绘制机械基架零件图,写出绘图的基本步骤和绘图的思路。

任务描述

机械零件三视图的识图是绘制三视图的基础，只有看懂了图纸，才能找出三视图之间的位置关系和尺寸关系，才能绘制出三视图。本任务通过如图 8-1 所示的机械基架零件图的绘制，达到掌握三视图绘制的方法和步骤的目的。

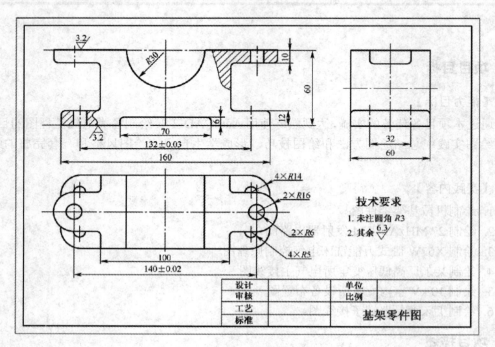

图 8-1　机械基架零件图

 任务实施

(一) 分析图 8-1 所示的机械基架零件图，理清三视图之间的位置和尺寸关系，形成绘图思路

(二) 确定图纸幅面的大小，并将零件图进行分解

(三) 建立图层，并根据识图结果建立图层并设置图层特性

(四) 绘制图框与标题栏

(五) 对图纸幅面进行分区，并绘制每个视图的辅助线，对零件图主要位置进行定位

(六) 依次绘制主视图、俯视图和左视图

(七) 建立标注样式并调试，完成零件的尺寸标注

(八) 书写技术说明和填充标题栏文字

(九) 检查和完善图形

任务小结

编写总结报告，写出绘图心得。

任务 2 绘制 27MHz AM/FM 发射器电路图

 任务目标

【能力目标】

具备识读和绘制电子线路图的能力。

【实践内容】

绘制 27 MHz AM/FM 发射器电路图，设计基本的绘图方案。

任务描述

电子线路图是电气工程图中常见的电路图之一，绘制弱电电路图有利于学生看懂电路，便于维修和焊接，本任务通过绘制 27MHz AM/FM 发射器电路图，进一步强化学生对弱电电路图绘制的能力。

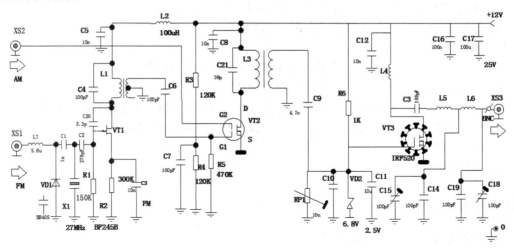

图 8-2 27 MHz AM/FM 发射器电路图

 任务实施

1. 电路识图提示

1）电路组成

图 8-2 所示电路主要由 VT1～VT3、变容二极管 VD1、石英体 X1(27MHz)、VD2 压敏电阻等组成。L1 和 L3 是用直径 0.2 mm 的漆包线在骨架上绕制的中周变压器。其中 L1 初级绕 8T，次级绕 2T，L3 初级绕 10T，次级绕 2T。L4 是用直径 1 mm 漆包线在双孔磁芯上绕 3T 的电感线圈，L5 和 L6 分别是用直径 1 mm 的漆包线在直径 8 mm 的骨架上绕 12T 和 8T 的电感线圈。

2) 工作原理

(1) 高频振荡器。

高频振荡器由 VT1/X1/VD1 等组成，该振荡器的震荡频率取决于 X1 的振荡频率。振荡频率通过调整 VT1 漏极上连接的 LC 并联谐振电路(C4、L1)来完成微调。电容 C20 用于保证振荡器具有足够的反馈，并改善起始状态，低频偏频率调制时通过变容二极管 VD1 达到。音频输入信号从连接插座 XS1 处输入。

(2) 放大电路。

从 L1 次级绕组输出的振荡信号经 C6 电容耦合加到 VT2 管栅极。VT2 的另一栅极 G2 由 R3 与 R4 分压获得约一半的电压，以便实现最佳放大状态。如果为 AM，调制信号可通过一耦合电容连接到 XS2 插座。音频电压将改变 VT2 栅极 G2 的电压，构成 VT2 的线性增益控制，结果便输出一个调幅高频信号。

(3) 输出电路。

VT3 的静态电流由预置电位器 RP1 设定，并为栅极提供了偏置电压。VT3 选用 FEX IRF520 型场效管，由一散热器冷却。输出滤波器是典型的 PI 型低通滤波器，这种滤波器用以减少谐波，并使输出晶体管与 50 Ω 负载匹配。

2. 确定图纸幅面的大小，并将电路图分解成单元电路

3. 根据识图结果建立图层并设置图层的特性

4. 绘制图框与标题栏

5. 根据电路图的分解情况对图纸幅面进行分区，画出分区线

6. 绘制元器件图形符号，并将图形符号做成块

7. 绘制电路结构图，或者采用网格定位线法，定位元件图形符号的插入位置

8. 将元器件图形符号插入到电路结构图或网格定位线相应的位置上

9. 标注元器件图形符号的文字符号

10. 检查和完善图形

 任务小结

编写总结报告，写出绘图心得。

任务 3　绘制 X62W 铣床电气控制原理图

 任务目标

【能力目标】

强化绘制电气原理图的识图和绘图能力。

【实践内容】

绘制 X62W 卧式万能铣床电气控制原理图，写出绘图的基本步骤和绘图的思路。

任务描述

继电器-接触器控制电路仍然为电气控制的基本电路，应用广泛，特别是在各类机床的控制中。本任务通过图 8-3 所示的 X62W 卧式万能铣床电气控制原理图的绘制，强化该类图形的绘制能力。

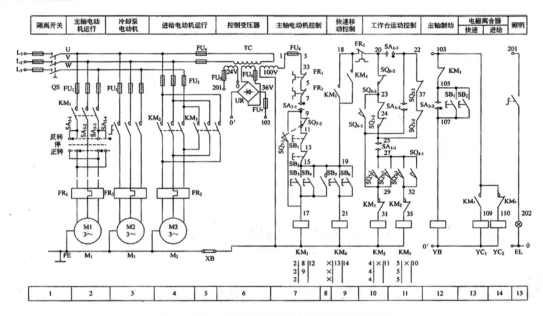

图 8-3　X62W 卧式万能铣床电气控制原理图

任务实施

1. 识图提示

铣床的电气控制原理图见图 8-3，铣床是通过手柄同时操作电气装置和机械机构，采用机电装置来完成预定控制的。主轴带动铣刀的旋转运动，称为主运动；主轴变速由机械机构来完成，不需要电气调速，采用电磁离合器制动。工作台分水平工作台和圆工作台，由圆工作台选择开关 SA1 控制，工作台带动工件在上、下、左、右、前后六个方向上的直线运动或圆形工作台的旋转运动。直线进给运动是由电动机分别拖动三根传动丝杆来完成的，每根丝杆都能正反向旋转。工作台能够带动工件在上、下、左、右、前和后六个方向上的快速移动。进给拖动系统用来快速移动电磁离合器 YC1 和进给电磁离合器 YC2，安在传动链的轴上，完成进给运动或快速进给运动，当 YC1 吸合时，连接上工作台的进给传动链，当 YC1 吸合时，连接上快速移动传动链。机床设置了纵向、横向和垂直两个操作手柄，进给行程开关 SQ1、SQ2、SQ3 和 SQ4 用来实现进给操作和各方向上的连锁。纵向操作手柄有左、中、右三个位置，横向和垂直操作手柄是十字形手柄，该手柄有上、下、中、前、后五个位置。

为保证主轴和工作台进给变速时变速箱内的齿轮易于啮合，减小齿轮端面的冲击。设置主轴变速瞬时点动控制，是利用变速手柄和行程开关 SQ7 实现的同时也设置了进给变速时的瞬时点动控制。

2. 确定图纸幅面的大小，并将电路图进行分解
3. 根据识图结果建立图层并设置图层的特性
4. 绘制图框与标题栏
5. 根据电路分解情况对图幅进行分区，画出分区线
6. 绘制元器件图形符号，并将图形符号做成块
7. 采用网格定位线法定位元件图形符号的插入位置
8. 将元器件图形符号插入到网格定位线的相应位置上
9. 将各设备或元器件用导线连接起来
10. 标注元器件图形符号的文字符号
11. 检查和完善图形

 任务小结

编写总结报告，写出绘图心得。

任务 4　绘制某工厂高低压变电所主接线图

 任务目标

【能力目标】

进一步提高电气主接线图的绘图和识图能力。

【实践内容】

绘制某工厂高低压变电所电气主接线图，写出绘图的基本步骤和绘图思路。

 任务描述

电气接线图是供配电系统常见的电路图，通过如图 8-4 所示的某工厂高低压变电所电气主接线图的绘图和识图，强化绘制复杂电气接线图的能力。

 任务实施

1. 识图提示

变电所电气主接线图是按照电力输送的顺序，依次连接基本的设备和线路而形成的一种简图。它全面系统地反映出主接线中电力的传输过程，但是它并不反映其中各成套配电装置之间相互排列的位置。这种主接线图多用于变配电所的运行中，通常应用的变配电所主接线图均为这一形式。图 8-4 主要反映了电能从高电压状态进入高压变电所，经高压变压器降压后输送至各车间变电所，再经过车间变电所变压器降压后，将电能送至各车间，图形看似复杂，其实是标注了设备的一些参数。

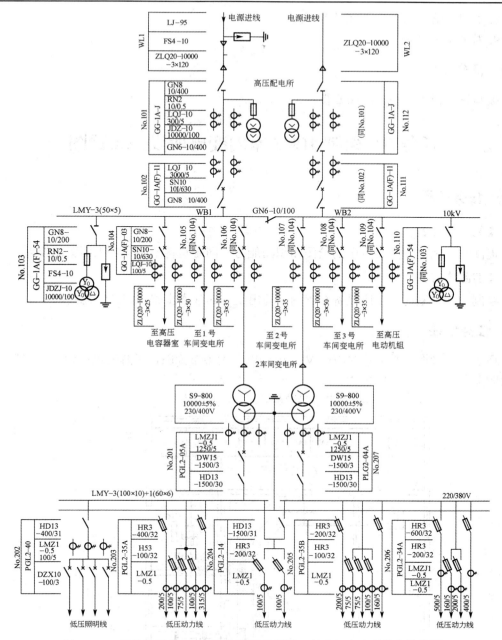

图 8-4　工厂供电系统中高压配电所及其附设 2 号车间变电所的主接线图

2. 确定图纸幅面的大小，并将电路图进行分解

3. 根据识图结果建立图层并设置图层的特性

4. 根据电路分解情况对图幅进行分区，画出分区线

5. 绘制元器件或设备图形符号，并将图形符号做成块

6. 采用网格定位线法定位元件符号的插入位置并连线

7. 将元器件图形符号或设备图块插入到网格定位线相应的位置上

8. 标注元器件图形符号的文字符号

9. 检查和完善图形

 任务小结

编写总结报告，写出绘图心得。

任务 5　绘制 10kV 室内变电所设备布置图

 任务目标

【能力目标】

提高绘制电气平面布置图的绘图和识图能力，同时具备绘制建筑平面图的能力。

【实践内容】

绘制 10 kV 室内变电所设备布置图，写出绘图的基本步骤和绘图的思路。

任务描述

通过绘制如图 8-5 所示的 10 kV 室内变电所设备布置图，了解变电所设备的布置，强化绘制复杂电气平面图的能力。

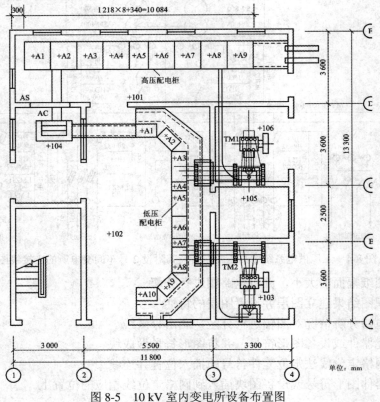

图 8-5　10 kV 室内变电所设备布置图

任务实施

1. 识图提示

图 8-5 是 10 kV 室内变电所设备布置图,包括 2 台 10 kV 变压器(TMI、TM2,位于位置代号为+103、+106 的房间)、9 台高压配电柜(位于+101)、10 台低压配电柜(位于+102)以及操作台 AC(+104)、模拟显示板 AS(+104)。

2. 确定图纸幅面的大小,并将电路图进行分解

3. 根据识图结果建立图层并设置图层的特性

4. 根据电路分解情况对图幅进行布局,画出房屋框架

5. 单独绘制设备图形,并根据情况做成块

6. 采用网格定位线法确定设备的绘图位置

7. 将设备块插入到网格定位线相应的位置上

8. 标注元器件图形符号的文字符号

9. 检查和完善图形

 任务小结

编写总结报告,写出绘图心得。

任务 6 绘制某机床变频器接线图

 任务目标

【能力目标】

通过绘制机床变频器端子接线图,了解基于变频器的电气控制系统。

【实践内容】

绘制某机床变频器端子接线图,写出绘图的基本步骤和绘图思路。

任务描述

根据我国当前的情况,继电器-接触器控制系统依然是机械设备最常用的电气控制方式,许多企业和高校实习工厂的机床和设备仍采用传统的继电器-接触器控制系统,由于采用物理电子器件和大量复杂的硬接线,使得系统的可靠性差,工作效率低,故障诊断和排除困难,严重影响了工厂的生产效率。随着科学技术的发展,可编程控制器的出现,许多以继电器-接触器控制系统的机床组合电路通过改进,采用可编程控制系统,无论在性能上或者效率上都得到了很大提升。本任务通过如图 8-6 所示的变频器接线端子图的绘制,使学生了解基于变频器的电气控制系统及该类图形的绘制方法。

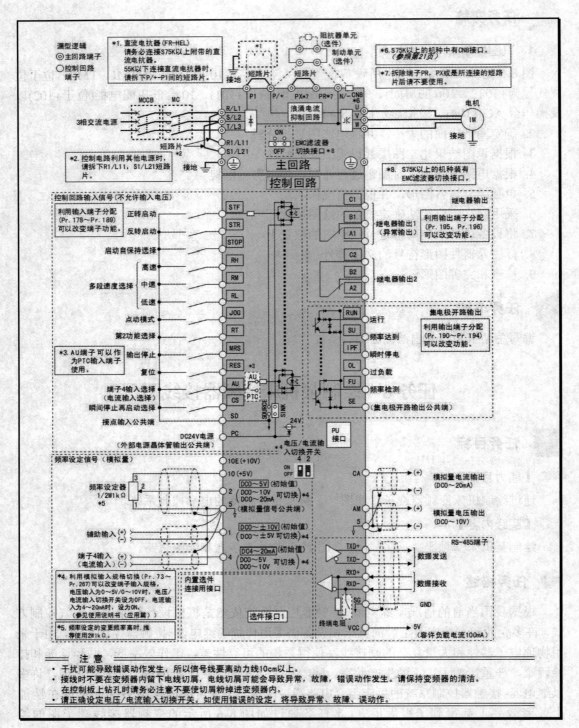

图 8-6　某机床变频器端子接线图

任务实施

1. 识图提示

变频器分为交—交和交—直—交两种形式。交—交变频器可将工频交流直接转换成频率、电压均可控制的交流，交—直—交变频器则是先把工频交流通过整流器转换成直流，然后再把直流转换成频率、电压均可控制的交流电。变频电路主要由主电路(包括整流器、中间直流环节、逆变器)和控制电路组成。

某机床控制系统所用变频器为 FR-F700 系列通用变频器中的 FR-F740-22K-CHT1。

变频器的端子——FR-F740-22K-CHT1 型变频器的主接线一般有 6 个端子，其中输入端子 R(L1)、S(L2)、T(L3)接三相电源，输出端子 U、V、W 接三相电动机，切记不能接反，否则，将损毁变频器，变频器端子接线图如图 8-6 所示。

2. 确定图纸幅面的大小，并将电路图进行分解

3. 根据识图结果建立图层并设置图层的特性

4. 绘制图框与标题栏

5. 根据电路分解情况对图幅进行分区，画出分区线

6. 逐区绘制图形

7. 标注元器件文字符号，并书写有关文字

8. 检查和完善图形

 任务小结

编写总结报告，写出绘图心得。

 项目小结

根据以往的教学实践经验，学生在掌握 AutoCAD 绘图工具，并完成了课内的项目后，只是学会了 AutoCAD，绘图水平还处于初级阶段，综合运用 AutoCAD 绘图工具的能力还不够高，还需要强化训练，这是设计本项目的出发点。通过这样系统的强化训练后，学生的绘图能力得到了明显提高，综合训练结束后，多数学生能够达到中级水平。

附　　录

常用 AutoCAD2008 快捷键命令大全

命令名称	快捷键	命令名称	快捷键
绘圆弧	A	定义块	B
画圆	C	尺寸资源管理器	D
删除	E	倒圆角	F
对相组合	G	填充	H
插入	I	拉伸	S
文本输入	T	定义块并保存到硬盘中	W
直线	L	移动	M
炸开	X	设置当前坐标	V
恢复上一次操作	U	偏移	O
缩放	Z	半径标注	dra
直径标注	ddi	对齐标注	dal
角度标注	dan	角度标注	AA
对齐(align)	AL	阵列(array)	AR
打开视图对话框(dsviewer)	AV	打开对相自动捕捉对话框	SE
打开字体设置对话框(style)	ST	绘制二围面(2dsolid)	SO
缩放比例(scale)	SC	栅格捕捉模式设置(sna)	SN
文本的设置(dtext)	DT	测量两点间的距离	DI
获取帮助	F1	实现作图窗和文本窗口的切换	F2
控制是否实现对象自动捕捉	F3	数字化仪控制	F4
等轴测平面切换	F5	控制状态行上坐标的显示方式	F6
栅格显示模式控制	F7	正交模式控制	F8
栅格捕捉模式控制	F9	极轴模式控制	F10
对象追踪式控制	F11	将选择的对象复制到剪贴板上	Ctrl+C
栅格捕捉模式控制(F9)	Ctrl+B	栅格显示模式控制(F7)	Ctrl+G
控制是否实现对象自动捕捉(F3)	Ctrl+F	超级链接	Ctrl+K
重复执行上一步命令	Ctrl+J	打开选项对话框	Ctrl+M
新建图形文件	Ctrl+N	打开图像资源管理器	Ctrl+2
打开特性对话框	Ctrl+1	打开图像文件	Ctrl+O
打开图象数据原子	Ctrl+6	保存文件	Ctrl+S
打开打印对话框	Ctrl+	粘贴剪贴板上的内容	Ctrl+v
极轴模式控制(F10)	Ctrl+U	对象追踪式控制(F11)	Ctrl+W
剪切所选择的内容	Ctrl+X	重做	Ctrl+Y
取消前一步的操作	Ctrl+Z		

参 考 文 献

[1] 胡仁喜. AutoCAD2008 中文版电气设计及实例教程. 北京：化学工业出版社，2010.

[2] 黄玮. 电气 CAD 实用教程. 北京：人民邮电出版社，2010.

[3] 杨雨松. AutoCAD 2008 中文版电气制图教程. 北京：化学工业出版社，2010.